长篇散文

The One-Year-Old Catch

预言家

陈仓 作品

作家出版社

陈仓

陕西丹凤县人，目前定居于上海。

七〇后诗人、小说家，代表作有《流浪无罪》《诗上海》《艾的门》等诗集，八卷本“陈仓进城”系列小说集，及陈仓长篇文集四部《后土寺》《地下三尺》《预言家》《醒神》。作品被《小说选刊》《小说月报》《中篇小说选刊》广泛转载，多次进入中国小说学会等机构评定的年度排行榜和各类年度选本，其“致我们回不去的故乡”被誉为一个时代的文化符号。

二〇一三年以来，先后获得第三届中国红高粱诗歌奖，上海市作协二〇一三年度、二〇一四年度优秀作品奖，广州文艺第二届都市小说双年奖，中国作协小说选刊双年奖，人民文学第四届美丽中国游记征文奖，第八届冰心散文奖，首届陕西青年文学奖，中国作家出版集团优秀作家贡献奖。

现为中国作家协会会员，上海市普陀区作协副主席，陕西省青年文学协会副会长，西安培华学院客座教授。曾参加诗刊社第二十八届青春诗会及鲁迅文学院第二十七届高级研讨班学习。

每一阵风雨都是你的预言，
每一根小草都在向下生活。

目 录

第一个故事

末日并未到来

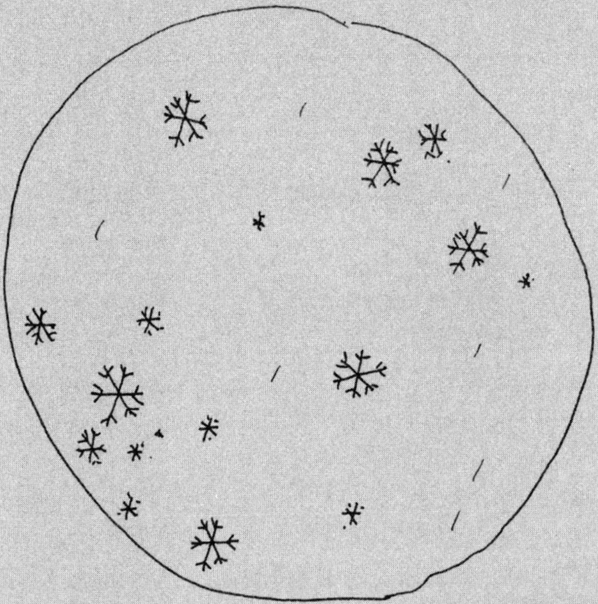

第一个故事

末日并未到来

玛雅人预言的世界末日并未到来，人类仍将继续存在于地球之上。

二〇一三年一月七日，上海，据天气预报称，受重度雾霾等多种因素的影响，能见度不足一百米。即便如此，人间并没有丝毫毁灭的迹象。那一天，对其他人太普通不过了，对我来说却非同一般，或者说有些不好的预感。我与小青比往常起得要早一点，大概六点吧，小麻雀就在窗外叽叽喳喳地叫着我们了。

我们预约好了要去医院检查，所以不吃早餐，不喝牛奶，带着空腹昏昏沉沉地出门了。我们要去医院检查的不是什么病，而是用 B 超检测卵泡，以此来确定一个最佳的同房日期。

我开始是非常乐观的，认为生儿育女那是生命的本能，和吃饭睡觉一样简单而容易。小猫小狗，猪马牛羊，就连玉米小麦，都是自然而然的，何况我们这些主宰世界的高级动物，生个孩子那不是随随便便睡一晚上就有结果的事儿了吗？但是我们还是非常谨慎的。自从准备做父母的那天起，我们不喝酒，不抽烟，不接近抽烟的人，不想那些不开心的事儿，如果感冒发烧了也会扛下去。小青有偏头痛，原来病情发作的时候都要喝可乐，为了保持健康的身体她连可乐都戒掉了。我们还选择了调理，没有接受西医，也没有接受其他，我们接受了中医。毕竟中医是自然的，毒副作用是不大的。我们每个星期一上午，便会早早地赶到医院，排队挂号、候诊和拿药，每次拿到药已经是下午了。

回到家，小青再花费三个多小时来熬药，基本就是半夜三更了。

小青认为，这样的铺垫还是不够的，毕竟城市污染太严重了，还有工作生活压力大，氛围太过压抑而凝重。于是，在各种调理到位之后，我们心照不宣地回了一次陕西，而且专门去了一次华山。那时虽为炎夏，华山却凉爽异常，空气干净得没有一粒尘埃。那晚，我们投宿于西峰。西峰有“天下第一洞房”美誉，相传吹箫人萧史和秦穆公的女儿弄玉公主在双双乘龙驾凤成仙之前，曾到西峰莲花洞点烛成婚，所以华山是爱情山，无论相濡以沫的夫妻，还是初识的情人，携手游过一次华山，必将情深意浓。在西峰住下之后，于黄昏时分坐在悬崖上，看落日与往日是不一样的。往日太阳再怎么坠落都高高在上。其实什么都高高在上，一棵树高高在上，一盏灯高高在上，一只鸟高高在上，房子也高高在上。而如今，什么都在我们脚下，沉入了脚下的万丈深渊。在这种苍茫之中，没有鸟语，没有花香，没有人声鼎沸，也没有凡尘和人间烟火，四处一片静谧，似乎身处天庭一般。

从华山上下来，我不让小青走太倾斜的路，不让她坐太过颠簸的车，也不让她太过于劳累。从华山回到老家，我叮嘱大姐好生照顾小青。我偷偷地给大姐说，小青应该怀孕了。大姐问我，大概几个月了？我说，大概半个月了吧。于是我们一家人全都知道小青怀孕了。小青和我也相信怀孕了，我们觉得在那么美妙的山上，在那么美妙的夜晚，还有那么美妙的传说，如果这都不能怀孕的话，那简直就是天理难容。

从第五天开始，小青买来了早早孕试纸一遍遍地测试。为了保证准确性，不惜代价用上了三十块一支的测试笔。那段日子，测试笔上的那条阴阳线一直紧绷在小青的心中。

每次测试的时候，小青把它放在手心紧紧盯着，有时候还举到头顶仔细地辨认着。一天，两天，三天；三次，六次，九次。她所希望的那条强阳并没有出现，小青开始怀疑是测试笔不准确，后来怀疑是使用方法错误，甚至怀疑自己把水喝多了。

我们的第一次计划就那么不明不白地落空了。

直到结婚多年之后，小青依然没有任何反应，随着一次次努力一次次失败，我们对未来几乎有些绝望了。我们去咨询医生，医生问，你们一般什么时候同房？我说，有时候白天有时候晚上。医生说，我说的不是白天晚上，我说的是时机，同房应该有一个最佳时机，建议你们去查查卵泡吧，这样会更加精确一些。我们才突然明白是一个叫卵泡的小东西在捉迷藏，于是每个月都会去检测一次卵泡，已经检测过多少次数都数不清了。

小青把这些化验单夹在一起，装订成了一本书。她常常拿出来呆呆地坐在那里翻来翻去，看卵泡圆了还是扁了，大了还是小了。如果检测结果表示，卵泡直径达到十八至二十毫米的时候，小青就会叮嘱我，别和人吵架生气，还要做一点善事，比如给乞丐捐点钱，给小猫小狗喂点吃的，遇到路上有蚂蚁要绕道而行；还会叮嘱她妈妈买只甲鱼之类的，给我们滋补一下身体。然后选择一个适当的时候，净身沐浴上床睡觉。

当男欢女爱一旦变成了任务，交配变成了一种生产方式，男人与女人变成了一台机器，那种痛苦真的比加工一万个螺丝要无聊和辛苦得多。所以每次在预定的时间同房之后，我与小青的心情由失望转为绝望，再由绝望慢慢转为平淡。最后，我们的夫妻生活不再是由欲望推动的，更像被架上刑场的英雄一样，仅剩下了英勇就义的悲壮与神圣。

那天，拿到卵泡的检测报告之后，小青与往常一样并没有吱声。

恐怕又是时机不成熟吧。如果这样最好了，小青要去浦东一所学校开会，而我得直接赶往虹桥火车站，搭乘下午的某班高铁去绍兴，领取一项颁发给我的文学奖。在开车送小青去浦东开会的路上，我问小青，还是不行吧？小青说，看上去不错，必须今天。我怀疑地说，真是今天吗？小青没有回答我，筋疲力尽地倒在了座位上。她的偏头痛又犯了，不时地打开车窗呕吐着，因为从早上起一直滴水未进，所以她吐出来的都是清水。我想，这一次应该放弃了吧？

但是小青住进酒店之后，奄奄一息地说，你去洗洗吧。

这句话，其实就是我们同房的暗号。

我说，你还行吗？

小青说，不行又能怎么样呢？

我们几年前的二月结婚，如今她已经三十五岁了，而我也过了不惑之年，头发白了一半，牙齿脱落了一颗，脸像一张树皮。每每有陌生人和我打招呼，同龄的已经叫我叔叔了，年轻的已经喊我爷爷了。所以说，对于我这样的中年人而言，繁衍生息的机会越来越少了，错过了这个月也许就没有下个月了，也许就真正地断子绝孙了。曾经与小青说起生孩子的事儿，我说我最大的遗憾，不是自己的钱财有没有人继承，而是担心自己一生写的文章、收藏的石头瓦块，没有一个人能够替我传递下去。小青则说，你死了我就把这些东西一起扔掉。我说，一个不剩吗？小青说，在你的坟里就留两个恐龙蛋吧。我明白这是玩笑，她一定不会这般无情的。她小时候的成绩单，中学时候的作业本和书，还有吃过的糖纸，都完完整整地保存了下来，说明她是一个念旧之人。念旧之人都是收藏大师，自然不会扔掉我所珍视的东西的。

我拉上了窗帘，去卫生间草草地洗了洗，回到床边久久地看着小青。看她昏昏沉沉的一副痛苦的样子，我不明白从何下手。

我说，还是改日吧？我明天回来的时候，你的头痛也就好了。

但是小青闭着眼睛说，明天就迟了。

这一次比任何一次都心灰意冷。

可以说，这是人世间最为糟糕的一次恩爱，像是两株被霜打的即将凋零的菊花，硬是被寒风逼着纠缠在一起，然后又轻而易举地被拉开了。做完功课，我又去洗了一把手，坐在床边给小青按摩。每次她头痛的时候我都会给她按摩。而小青每次同房后，要靠在床头上倒立着躺上一个小时。

这时有人打电话来，说去绍兴的高铁马上就要开了。小青听人催促，便对我说，这是到绍兴领奖，你还是赶紧走吧。她说着，自己也打起精神出了门，强忍着病痛开会去了。

当我走出酒店的时候，除了浓重的雾霾，外边又下起了小雨，那种昏暗和低沉让人十分伤感。我像疯子一样，没有红绿灯，也没有人行道，当我冲进火车站的时候，惟一的那趟火车已经开走了。我万般无奈，只好绕道杭州，当我坐着大巴从杭州赶到绍兴，欢迎晚宴已经结束了，大家早就各自回房休息了。

我独自一人清清冷冷地走在清清冷冷的街上。我是第一次到绍兴，不单单对三味书屋倾慕已久，还对陆游与唐琬那千古爱情哀叹不已。这一天，绍兴下了大雪，九曲回廊，亭台楼阁，小桥流水，枕河人家，青黛色的屋顶，雪白的石灰墙，才子佳人的打扮，如今再积一层白雪，似乎又披了一件袄子，添了一顶帽子与一条围脖，显得更加清爽而浪漫了。

我找了一个小饭馆坐下，一碟茴香豆，一个霉干菜焖肉，真想再温一壶黄酒，像个文人骚客一般饮上一杯。可是想到了小青，想到一片茫然的前景，我还是自己劝慰自己，默默地念起了陆游的《钗头凤》：

红酥手，黄縢酒，满城春色宫墙柳。

东风恶，欢情薄，一怀愁绪，几年离索。
错！错！错！

春如旧，人空瘦，泪痕红浥鲛绡透。
桃花落，闲池阁，山盟虽在，锦书难托。
莫！莫！莫！

从第五天开始，小青依然如故，每天早上起来的第一件事儿，是用早早孕试纸开始测试孕情。小青说，只有清早是最准确的。但是试纸上那条红线依然没有出现。小青有点不甘心。她总是不甘心，于是换成了测试笔，结果当然是预料之中的。空腹、偏头痛、雾霾、重度污染，还有双方的奔波与劳累。两个连肉眼都看不到的小东西，怎么可能选择在这个时候融为一体，创造出一个新生命呢？我安慰她说，还是再等一等吧，比芝麻还小，能给这个世界传递什么信号呢？

第六天天刚亮，也就是一百三十六个小时之后，在麻雀叽叽喳喳的叫声中，小青仍与往常一样拿出一支测试笔，然后坐在抽水马桶上反反复复看了二十分钟。二十分钟之后，小青突然摇晃着我说，你快起来看看，是不是有颜色了？我揉了揉眼睛，拿着那个浸有尿液的测试笔，贴着自己看了一遍又一遍。我还摘掉眼镜，不停地转换角度，一会儿逆光，一会儿顺光，一会儿举到头顶，一会儿放在胸前。加上一部分自己的幻想，我真看到了一条红线。严格来说还不算红线，而是一点点反光而已。为了不让小青失望，我违心地说，是有一点点了。

小青立即给单位领导请了假，表示自己身体不适，不能去上班了。

她躺在床上不敢翻身，似乎一个小小的动作就会让这点生命的迹象消失。她躺在床上，仍然不停地盯着那根线，从早上到中午，从下午到晚上，整整一天都处于一种压抑的兴奋之中。

接下来的几天，小青都沉浸在那些测试笔上，好像自己真怀孕了一般。她在单位，每天要测试五次，每次都会发短信给我，有时说有了，有时说没有。她下班回家的时候，把一天中用过的测试笔，齐齐地摆放在一起，不停地跑过去看看，像一名将军在监视着她的部队。

直到第九天的早上，当小青再把一支测试笔放在我的手心时，我才真正地发现，确实有一条非常微弱的似有似无的粉红色的线条。我提醒说，会不会是误差？测试笔会不会是假冒伪劣？但是，随着时间的推移，颜色在不断加深，终于超过了参考线，专业的说法就是“强阳”——一个新生命最初的迹象。

那天中午小青打电话给我说，医院抽血化验的结果出来了。我沉默地等待了半天，然后哆嗦地问，是不是有了？小青是个低调的人，而且是一个十分谨慎的人。我从她压抑着的语气中，无法判断医院化验的结果到底是什么。小青说，虽然是强阳，过几天还得再化验一次。小青用的是不太确定的口气，但是照着她的说话方式，我判断已经是十之八九了。

我三十五岁的小青怀孕了，而且怀的是我这个四十岁老男人的血脉。我不得不惊叹，生命的坚强与伟大了。我急切地想看到那张化验单，只有那张化验单是可信的。但是还没有下班，我带着这个消息飞奔下楼，在新闸路，在陕西路，在常德路，漫无目的地走着。新闸路有阮玲玉爱巢，陕西路有童话城堡，常德路有张爱玲故居，但这些都不是我的目标。我的目标就是面带灿烂的笑容，想把这个喜讯告诉每一个认识的人和陌生的人。最后在安远路，我停了下来，这是玉佛寺所在地，我要把这个消息告诉无所不能的菩萨。

我对菩萨说，我们家的小青怀孕了！请保佑我们吧。

第二个故事

我们的舍弃

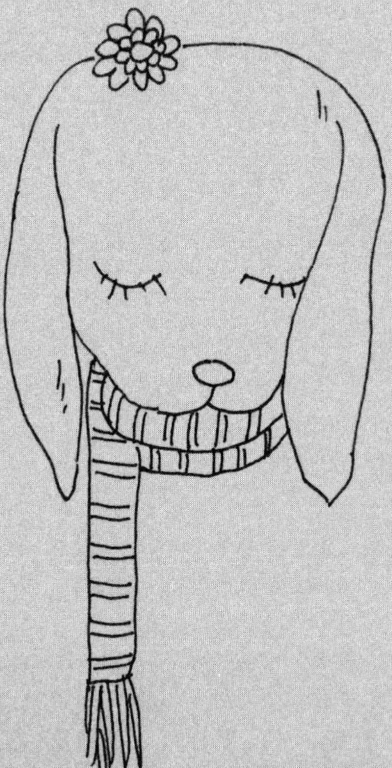

第二个故事

我们的舍弃

经过三次抽血化验，明确小青百分之百怀孕之后，我们最纠结的是关于养了将近一年的范二。

范二不是人，而是随着小青姓范的一条小狗。它的品种是泰迪，其实也不是泰迪，而是土洋杂交出来的。它棕色的卷曲的毛发、蓝色的透明的眼睛，像个通人性的小精灵，不仅有着超出猪马牛羊的智商，还有很强的自尊心和尊贵的个性。如果我教训了它几句，再抛过去一根肉骨头，它肯定是理也不理的。这志气，让我也有一些自卑了。

范二的经历很不一般。据说，它先是坐着奥迪车，然后坐着飞机被送来的。我不明白这是不是别人编派的，反正在十分看重出身的上海，这种夸大其辞的事儿处处存在。对于范二，如果不是出身好，恐怕真就没有人会收留它了，尤其是一只血统不纯的流浪狗，带出去见人那是要遭人嘲笑的。

范二被带到我们家时，确实很有教养，会与人握手，会直立行走。当你把食物抛向半空，它不会急切地跳起来接住，也不会视而不见，一扑一咬总是适度自如。它也有不优雅的地方，在家里不会定点大小便。丈母娘说，人家原来住的别墅院子大，是可以随地大小便的，如今住在楼上，自然是委屈它了。

范二在我们家，开始吃的是大米饭，后来还添加了狗粮，自从尝到排骨的味道，它厌弃了米饭与狗粮，竟然是无肉不欢。丈母娘每天外出买菜的时候，会顺便着提一只鸡回来，专门用高压锅炖了给它。自此范二一日三餐基本就是鸡了。我们吃炸猪排的时候，丈母娘会挑选一些骨头多的，而且是咬得动的软骨头，就为了让它也饱餐一顿。

有一天晚上，我冲进厨房找吃的，发现有几只煮熟的鸡蛋，蛋黄不见了，只剩下了蛋清。我问，蛋黄呢？小青说，喂范二了。我才知道，我们家的一条狗，它的菜单里边，除了鸡鸭鱼肉之外，每天还有两个鸡蛋。而且它还挑三拣四，只吃蛋黄不吃蛋清。我十分恼火地说，在这个家里，这只狗比我都重要了。

我一时触景生情，想起自己小时候的一件事儿。那是一个夏天，我在河边割草的时候，在草丛里发现了一只鸭蛋，小伙伴们十分羡慕地劝我吃掉它。但是我一直犹豫着，是吃掉它呢，还是把它卖掉。那时候，一只鸭蛋可以到小卖部卖一毛钱，用这些钱足可以给家里换回几把盐。我把这只鸭蛋揣在怀里，无论上山砍柴，还是到学校上课，都小心翼翼地生怕把它打烂了。揣了十多天吧，看到大姐抱着家里的盐罐子愁眉苦脸。我明白盐罐子空了，淡而无味的生活更加艰难了。于是我把这颗鸭蛋掏出来，交给了大姐。大姐带着这颗鸭蛋跑到小卖部，小卖部的人拿着这颗鸭蛋，对着初升的太阳照着。这是我们检验鸡蛋鸭蛋好坏的办法。当他照完了以后，还给了大姐。大姐对着太阳也照了照，开始也很沮丧，但看着看着，她就兴奋起来了，说是你们来看，里边有一只小鸭子，快孵化出来了。家里没有抱窝的老母鸡，所以大姐从那天起，就把这枚鸭蛋焐在自己怀里，焐在她身体上最暖热最安稳的地方。二十一天后，真的有一只小鸭子破壳而出，它淡黄色的羽毛，叽叽喳喳地跟在大姐背后。大姐总是护着它，真像是一只老母鸡似的。这只鸭子在那年夏天还真长大了，长成了一只会凫水的鸭子。随后有没有下蛋，是什么时候消失的，我一概不知了，因为我到外地上学去了。其中回过一次家，返回学校后在书包里翻出了两个煮熟的鸡蛋。

还是说狗吧。因为小青很喜欢范二，自从家里有了范二，她每天一下班，很少再去外边聚会，急着想回家了。回家时总会给它带一点好吃的，还会带一两件玩具，比如皮球与布娃娃。

小青一回到家，范二就会扑上去，围着她使劲地跳啊跳，而且在家里疯跑，从大厅跑到卧室，从卧室跑到阳台。跑累了就与小青一起坐在家里的地板上，彼此抬眼相望着，那种感觉真是幸福极了。

晚上睡觉的时候，范二老往床上爬，被教训了几次，便哪里也不去，静静地伏在小青床边。

小青说，在这个世上，只有这条狗对她是最真诚的，它见到她的那种快乐是发自内心的。

我们回陕西探亲，一千多公里的路程，小青也执意要带着它，不放心寄养到宠物医院。说寄养到宠物医院无异于坐了一次监狱。我们要带着它，是不能上飞机的，所以只能开车，让这条狗跟着我们，开着车游遍了江苏、安徽、河南、陕西等四个省的名山大川。在扬州城，吃了笋肉烧卖、桂花糖藕粥和野鸭菜包子；在云台山，游了红石峡、子房湖、猕猴谷和茱萸峰；在嵩山少林寺，走过三皇寨，膜拜了塔林。心想少林寺乃佛门净地，让畜生入内是大为不敬的，我便独自留在外边照看范二，谁承想这只狗比人还机灵，不等人回过神的时候，它早从栏杆下边窜入寺内了。

回到塔尔坪，范二更是自由自在，随我们到田野里捉鸡，到小河里摸蟹，玩的吃的应有尽有。

回上海后，范二的眼界宽了，经历丰富了，变得更加聪明了，有时候感觉它不是一只畜生，而是一个不会说话的感情丰富的人。

但是小青怀孕了，怀上了自己的血脉。

朋友一再叮嘱说，狗身上有寄生虫，绝对不能与孩子一起养。我想到了养狗后的一些生活细节——家里确实有生机了，小青确实变得快乐了，但是家里到处都是狗毛，扫也扫不干净。我有几次喉咙里痒痒，咳着咳着就咳出一根细小的卷曲的毛发。而且丈母娘是个爱干净的人，范二每天傍晚从外边放风回来，进门都要给它擦脚与洗屁股。吃完饭后，还要把它的食盆子，拿到厨房里一起洗掉。每个周还要把它拉到我们的浴缸里，给它洗一个热水澡。范二是条母狗，一旦来潮的时候，把血流在家里的地毯上，弄得到处一股子腥味。

不管怎么样，小青再热爱再喜欢，畜生与人还是不同的。

我们与丈母娘商量了好多天，为了孩子能够健康出生，大家还是决定把范二给解决掉。开始的方案很多，第一种是送到南通亲戚家，但是小青说，南通有很多打狗队，说不定哪天就被打狗队抓走了，杀掉了。她小时候养过一条，便被人投了安眠药，卖给了外边的狗肉店。第二种是送回陕西塔尔坪，陪陪我孤独的父亲。但是丈母娘说，父亲自己吃了上顿没下顿，哪里顾得好好养狗呢？而且乡下的野狗多，又特别凶猛和粗鲁，这不是苦了范二？第三种是放到宠物医院去，全当它上了幼儿园，一个月几千块寄养费不是问题，问题是上次寄养过一天，不明白是被虐待了，还是被吓着了，出来时跟出了监狱似的，半个月都痴痴呆呆的，没有回过神儿。第四种是关到我们家另一套房子里，丈母娘每天去喂它一顿，试着这样关了一天，范二一直凄凉地叫着，跳起来拍打着门板，有时候竟然要从窗口往下跳。

有一天，我们去逛中环百联商场。宠物是不能进商场的，所以我带着它留在车上。当小青离开后，我打开车门透透气。范二像疯子一般一下子跳下车，一转身就冲进商场不见了。

我心想，狠狠心，丢就丢了，也不失为一种解决问题的办法。有时候，我们觉得流浪是一种悲剧，是值得同情的。但是我问过一个流浪汉，他给我的答案是，流浪的日子无拘无束。在一个还没有彻底解放的社会里，安于一隅有时候更是一种枷锁，是对灵魂和人性的更大折磨。如今不再是一个食物缺乏的时代，而是一个食物过剩的年代，处处都是盛会宴会，到处都是暴饮暴食，填饱肚子已经不再是一个问题。具体到流浪狗流浪猫身上来说，也是一样的，它们钻到任何一个角落都有啃不完的骨头。

我们家楼下有两只流浪猫，邻居有时候送点吃的，它们还爱理不理的呢。所以，对于人类的圈养与宠爱，畜生们无需有太多的感激。我们家的范二，不会因为填肚子而摇尾巴，不会因为别人扔一根骨头就随你而去，丰富的食物已经让它学会了自尊——不吃嗟来之食。

每每看到那些流浪狗流浪猫，快乐地在草地上打滚，看到它们在黄昏的时候，在许多人类禁止的桥上漫步，这不就是回归自然吗？我不明白它们对人类的看法，但是每次给范二理发，给它洗澡，给它擦屁股，给它穿鞋子，它都会拼命地挣扎，说明它们并不愿意过上人类看似文明的那种生活。

所以，对于范二来说，给它自由，不失为一种美好的归宿。

我到商场外转了一圈，再去商场里找了一通，大家都说没有见到一只狗。我开始是非常着急的，因为它是小青的另一个“孩子”，也因为它就是另一个我。当我准备回到车上等小青的时候，远远地发现一只狗，一只棕色的卷毛狗，从商场背后飞了过来，然后惶恐不安地蹲在我们的车前，向商场的出入口张望着。有几个路人，看到它，上前招呼它，有人吹了口哨，也有人扔了一块饼干，但是它都无动于衷。

它在等待它的主人。我们几天不出现也许它会等几天，几个月不出现也许它会等几个月，一直等到终老。我的想法改变了。我同意了小青的做法——给它找个好人家寄养着，等孩子平安地出生了，长大了，再把它接回来陪着孩子，像兄弟姐妹一样，或者像朋友一样。

小青为范二联系好的人家是一位同事。

这位同事是个女的，她与男朋友到我们家串门的时候，各自牵了一条雪白雪白的萨摩，感觉像是成双入对的白狐狸。后来听说，其中一条萨摩由于营养过剩患上了脂肪肝，住院，做手术，花了一万多块钱，最后还是死了。那位女同事流过多次眼泪，还给它办了一个葬礼。

我不明白这个葬礼，会不会放哀乐，会不会鞠躬，会不会念悼词。反正有一点是确切的，它死后被火化掉了，埋在宠物的墓地里，拥有一块属于自己的墓碑，墓碑上写有生卒年月，也有名字和照片，与人并无二致。

把我们家的范二交给她，小青是十分放心的。最后一晚，小青与范二坐在一起，四眼相望着一直到半夜。范二从来没有过的安静，不再四处蹦蹦跳跳，也不再到处打滚。它的眼睛一直是湿润的，甚至带着人类少见的忧伤。

小青说，它明白它要离开了。

听丈母娘说，那天晚上范二一夜未睡，坐在门口透过房门的玻璃，一直看着我们的房间。偶尔眯一会儿，就发出几声尖叫。丈母娘说，它应该做噩梦了。

把范二送走的时候，小青把范二生活用的盆子、项圈和棉被，几十公斤狗粮和一些零食，甚至还有范二的摇篮，统统地都准备好了。同时还为女同事准备了一个红包和两瓶洋酒。这期间，小青打过来好几个电话，问范二有没有送出去，有没有与人家的萨摩狗打架。我说，范二根本不在乎，与人家亲热着呢。但事实是在我出门的时候，范二蹲在门口叫了两声，眼泪汪汪地目送着我离去。

女同事结婚那天，我们一家三口都去了。

一是为了道喜去的，二是为了看看范二在它的新家过得如何。这时才明白，范二住上了青砖红瓦的大别墅，别墅隐藏在一片树林之中，四周种着枇杷树，已经结满了厚厚的青果，前边有一条小河，河边杨柳依依，不时地有鱼儿跃出水面。在别墅前站了一会儿，响起一阵噼噼啪啪的鞭炮声，接亲的奔驰宝马就到了。随着新娘子下车的，除了新郎之外，还有两条狗——一只雪白的萨摩，十分稳重而优雅，像是引路的天使；还有一条不起眼的甚至有些丑陋的泰迪，它就是我们家的范二。它欢快地跑前跑后，一会儿咬咬新娘子拖地的婚纱，一会儿回头嗅一嗅抛在地上的花瓣。

小青与丈母娘远远地喊了一声范二。也许是太吵闹的缘故吧，范二似乎没有一点反应，也没有在我们的身边停留，而是随着欢乐的人流钻进了别墅。有个老伯伯，他轻轻地对着范二说，蹲下。范二就听话地蹲下了。老伯伯拍了拍它身上的灰尘，捡了捡它身上的炮皮。看来，他已经喜欢上了这条狗，这条狗也完全融入了他的生活。

住在一幢宽大的别墅里，顺着一个红木的旋转的扶梯，爬上一个可以眺望的阳台，坐在一把藤椅里一边晒太阳一边看书。别墅外有一个可以莳花弄草的院子，有一块可以随时漫步的草坪，不就是我一直追求的理想生活吗？我们家的范二却提前过上了这样的生活。我真有点羡慕范二了，不明白为什么一条狗，总能轻易地实现人的梦想。是因为它们并无这样的梦想呢，还是一条狗在这个时代要比人幸运？

回家的路上，小青有点不甘地说，再过上几个月，等我们家孩子出生了，就去把范二要回来。

我心想，要回来的这条狗还是当初我们养着的那条狗吗？

第三个故事

名字的意义

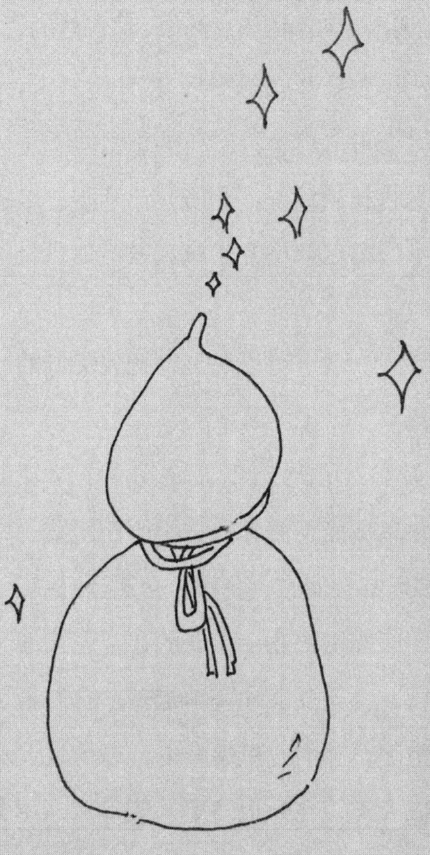

第三个故事

名字的意义

经过多次抽血化验，确认怀孕无疑之后，小青不敢再自己开车上下班了。

她有点邀功请赏的意思跟我说，请个专职司机吧。我说，那自然的，而且要请个帅点的。这么个光荣而幸福的美差，我哪里舍得让给别人，于是，每天一早一晚，我就开着车送小青上班下班。在那条来回二十公里的路上，我们不再因为堵车而无聊和烦恼了，开始一边开车一边给十天的小生命勾画起未来——我不明白这算不算生命，或许他只是一种生命的迹象。

第一个能体现未来的自然是名字了。名字可以说是寄托着父母的厚望，也含着对一个人一生的暗示。

有一天，看到密密麻麻的人流，我突然灵光一闪，提出了一个“蚁”字——蚂蚁是我最喜欢的生命了，它卑微而不放弃，它渺小而团结一心，它敏感而神秘莫测，它无论走多远都会回家。我经常会遇到蚂蚁，有的在中午，有的在半夜，有的在熙熙攘攘的路上，有的在荒无人烟的野外，它们扛着大它们几倍的食物，义无反顾地朝前走着。它们为什么不就地解决，而要扛着食物奔跑呢？它们心里装着的，恐怕是大家，是群体，而不是自己。不像我们人类，在外边发了一笔横财，便偷偷地远远地藏起来了，甚至连妻儿老小都抛弃了。

如果有来生的话，其实我最希望的，就是托生为一只蚂蚁。

小青又提出了一个“正”字。“正”是我们陈氏的辈分，辈分是祖先留下来的，代表着枝脉相连。而且“正”字，在新华字典里有十几层含义：跟“歪”相对，跟“偏”相对，跟“反”相对，还有“正直”“正当”和“纯正”，以及合乎法度的、基本的、主要的（区别于“副”）、大于零的（跟“负”相对）、表示恰好的，等等。小青还说，眼皮底下就有成功的案例，比如上海市领导里边，起码有两个是带“正”字的，谁能否定他们没有沾一点名字的光呢？

所以，我们的孩子还在腹中，就有了让两个人都满意的第一个名字——陈正蚁。如果不出意外，在这个世界上，又会多一个人，这个人的名字将叫陈正蚁。一只正直的正当的纯正的端正的蚂蚁，一只主要的大于零的恰好的蚂蚁，一只卑微却有着积极心态的蚂蚁。

毕竟不是二十岁，小青怀孕之后，我看到任何人总是面带得意的笑。有人问我，你最近买彩票中奖了吗？不然怎么总是笑嘻嘻的？小青提醒我说，在未满三个月的时候千万不要告诉别人；丈母娘提醒我说，否则会引起胎神的不满，孩子不高兴会“走掉”的。无论她们怎么吓我，但是我忍受不住。

我希望把这个消息告诉天下每一个人，我虽然牙齿掉了，头发白了，进入不惑了，但是一个还有繁殖能力的人就不能称之为“老”，就依然还是年轻的，是值得去炫耀的。

有人在一次文学活动中让我发言，谈谈自己的文学创作，主题应该是说诗歌的。但是我却没有说诗歌。诗歌于我而言，那阵子已经退为其次了。我于是告诉大家，我老婆怀孕了，孩子名字都起好了，就叫陈正蚁，陈是我的姓氏，正是他的辈分，蚁的意思就是一只小蚂蚁。大家不知所云，纷纷迷茫地看着我。我于是告诉大家，读了某某诗人的作品，其中对生命的敬畏之心尤其让人感动，我孩子的名字就是受到了诗歌的启发。而且诗歌永远是青春的艺术，像生儿育女是年轻人的能力一样，我们要用让老婆怀孕的心态去对待诗歌，去创作诗歌。或许一个优秀的文字，应该都是怀孕了的。

我云里雾里的解释赢得了掌声。

我遇到了几位同事，也笑着告诉他们，我孩子两个月了。有人问，你抱孙子了吗？有人说，你是第几胎呀？我还陆续打电话把消息告诉了老家的亲戚们，包括年近八旬的老父亲。我对他说，你要抱孙子啦。父亲一高兴，就一句话没有了。小青以为，父亲对抱孙子并不十分起劲。姐姐事后告诉我说，当时父亲是流泪了的。

从此，每天早上迎着阳光，晚上面对华灯初上，我们惟一的话题就是孩子了。我们不仅仅谈孩子的成长，谈孩子的爱情，谈孩子的事业，还谈孩子的为人处世。

小青起初有这么几个观点：第一，不让他太累，不上培训班，要让他写毛笔字，能顺便画个画最好，因为毛笔字是中国传统文化，一支毛笔一瓶墨水便可以行走天下了；第二，不让他太伟大，要顽强而快乐地生活，因为照着我们半辈子的体验，快乐是人生的真谛，再伟大的人如果不快乐，活着有什么意义呢？第三，要懂得享受人生，不能只谈一次恋爱，如果只谈一次恋爱，实在太亏待自己了。我说，你现在再谈也不迟吧？她说，当然迟了，有孩子了哪还有精力呀。第四，让他（她）娶个或者嫁个有别墅的，我们这辈子想住上大别墅，恐怕希望渺茫了，只能靠着孩子他（她）媳妇或者老公了。

所有的话题，都落脚到了对孩子的美好期望上，最后我们发现“陈正蚁”三个字根本无法囊括我们所有的期望。在继续给孩子起名字方面，我与小青做了简单的分工，大名由我这个父亲做主，乳名就由她来负责。

第十天的时候，我们确定了孩子一生的追求，就是写毛笔字与画画，所以小青想到了上海名人陈十发，加上我父亲的名字叫陈先发。乳名很快就取出来了，“九发”太小，“十发”重名了，“后发”不吉利，最后敲定了“十一发”。小青解释说，我们期望不大，就是比陈十发“多一发”，也不在于“先发”与“后发”，关键希望他的人生是“连发”。

我对于这个乳名一直是不满意的，因为“八”就是“发”的关系，在这个物欲横流的时代，车牌子与手机号码喜欢带“八”，买房子喜欢“八”楼，就连选个墓地也要挑个第“八”排。所以“发”字，太时髦了，太俗气了，被用得太滥了，变成了一个太累的字。我一直没有说出来，因为我至今都不明白，小青的“十一发”是什么意思。是发财呢，还是连珠炮式的十一发子弹？如果那样的话火力也真够威猛的了。

有一天，小青突然抚着日益隆起的肚皮说，从今天起，我们家的孩子要改乳名了，不叫十一发了，而叫葫芦娃。小青说，她做了个梦，梦见了自己家的孩子，好像在什么地方见过无数次似的。她与B超测试出来的几个数字对照了一下，在一张白纸上把梦里的样子绘了出来。这时电视中正好在重播《金刚葫芦娃》的动画片，她突然明白了，孩子长得原来像一个葫芦娃。

我说，我没有看过这个动画片。小青笑话我说，你还作家呢，这也没有看过啊，我小时候起码看过三十遍。小青一边唱起了主题曲，一边给我进行了知识普及：传说有位农民，种下葫芦籽，结了七个葫芦，七个葫芦成熟了，相继落地变成七个男孩，穿着七种颜色的衣服。红娃是大力士，橙娃是千里眼和顺风耳，黄娃刀枪不入，绿娃会喷火，青娃能吞吐江海，蓝娃有隐身术，还有迷失本性的紫娃。

我问，葫芦娃有七个呢，我们是哪一个？小青说，你最喜欢哪个，他就是哪个了。我说，有的力气大，有的耳朵好，个个都有缺陷。小青说，有一个是合体的，他就是金刚葫芦娃，七颗葫芦娃的心都融在他的胸中，七个葫芦娃的本领都长在他的身上。

我能理解小青，天下所有的父母都是最贪心的，都希望自己的孩子是最完美的一个。

把葫芦娃确定为孩子的乳名之后，小青从网上下载了一套葫芦娃的方头、方眼睛、方下巴的照片，彩色打印了出来，两张压在书桌下边，一张装进相框挂在了冰箱上。每天早上上班的路上，我们两个人便一遍遍地唱起了《金刚葫芦娃》的主题曲，不过我们把题目改成了《葫芦娃之歌》。大意是：

葫芦娃，葫芦娃，一根藤上两个瓜。一个是他爹，一个是他妈。葫芦娃，力气大。左手不是鸡，右手不是鸭。左手扶着爹，右手扶着妈，葫芦娃，真是一个孝顺的娃。

每唱一遍，词都在变，调子也在变，一会儿是评弹，一会儿是二人转，一会儿又变成了京剧或者豫剧。那种幸福之情，恐怕只有父母才流得出来吧？

有几个人听到这个乳名，也提出了与我相同的问题，你们家孩子是什么娃？小青毫不犹豫地回答，他是金刚葫芦娃！

对于大名，小青说，你是一个大作家，我给你三个月的时间，你就好好完成这部三个字的作品吧。你写了半辈子的诗词、小说、散文，四处获奖，到处发表，牛烘烘的，现在考验你真本事的时候到了。小青说着，还从百宝箱里翻出了她学生时期用过的一本《新华字典》、一本《全唐诗》、一本《成语大词典》。

对于孩子的大名，小青提出了几条基本原则：一是必须通俗易懂，没有生僻字。二是意思不能太娇贵，不能不可一世。比如“天一”，老子天下第一，那个叫“天一”的，不就闯下大祸了吗？比如“万豪”，一副豪气干云的样子。三是名与姓应该融为一体。四是不要让人有歧义，成了别人取笑的把柄，比如范统，会被喊成“饭桶”。还有，写出来要好看，有些字不规整，孩子以后成了名人，签名的时候写不漂亮。后来，小青还提了一条，关于生辰八字，金木水火土都不用管了，但是这个名字把姓氏笔画加起来，必须通过有关算命网站的测试。

那几天，我在单位里总是开小差，碰到每一个同事，就研究他们的名字；走在回家路上，看到一只麻雀、一只虫子、一片叶子、一只蛤蟆、一块砖头、一颗石子，甚至看到一个肉包子，都会让我联想到孩子的名字。我会念叨，陈麻雀，陈蝴蝶，陈叶子，陈蛤蟆，陈砖头，陈石子，陈包子，陈飞机，陈垃圾。念着念着，就有点晕乎乎的了。别人听了，以为我把天下所有的东西都当成我们陈家的，要给它们一个个取个名字似的。

一旦下班回到家中，吃饭的时候会想到陈米，洗碗的时候会想到陈碗，洗手的时候会想到陈手，莫言的小说《蛙》里就有一个人叫陈手。甚至上厕所擦屁股的时候，还会想到陈纸。吃完饭，在网络上搜索与“陈”有关的诗词，但是在古诗词中，含有“陈”字的句子实在太少了，可见“陈”这个姓氏实在太难以入诗了。

有那么几首诗，“陈”字全在标题上，温庭筠的《过陈琳墓》，卢照邻的《送幽州陈参军赴任寄呈乡曲父老》，韩愈的《落叶送陈羽》，白居易的《朱陈村》，已经是人家的名字了。关于李白《将进酒》中的“陈王昔时宴平乐，斗酒十千恣欢谑”，韦庄《小重山》中的“卧思陈事暗销魂，罗衣湿，红袂有啼痕”，虽有了“陈”字，在诗词中却是毫无轻重的。

我还查了与中药材有关的，因为我与小青都是中药的推崇者。中药为小青治好了腰椎间盘突出这些小毛病，怀孕之前我们还用中药调理了多年，而我的家乡塔尔坪满山遍野都是中药材，我就是采着天麻、灵芝、苍术、柴胡这些药材，把自己给一点点养大的。

查到陈皮、陈艾这两样，我感觉有些亲切。有一年我去重庆出差，舍不得吃饭，就花了两块钱在农贸市场买了两斤小食品。它有月饼那么大，红色的，看上去挺不错。那时，我已经二十多岁，还没有吃过橘子，所以不明白那是橘子皮，因为当时整整吃了两天橘子皮，如今一闻那种味道还会反胃。我刚刚入行当记者的时候，第一篇文章写的是有关部门悬赏四十万抓一个贪官，我就用了“陈皮”这个化名，第二天见报是头版头条，正得意间却因为那个化名被批评了，大家说“陈皮”当记者不严肃。陈艾是我们老家山坡上到处生长的一种野草，尤其是坟头上，妈妈的、哥哥的，长得更加茂盛。农村人不太洗澡，更不会把艾草放在热水里来熏蒸。所以一年四季，大家就用一次，便是在端阳节那天，采回来插在门楣上用来辟邪。

这两味，说是中药，其实就是废物，用来给孩子取名字明显不合适。

丈母娘多次插手说，如果孩子生得快，就叫陈快，生得慢，就叫陈慢。而且经常会提出几个名字，供我们挑选，比如多多，比如甜甜。小青听了，赶紧劝说她妈，起名字的权利，你就不用操心了，交给孩子他爸吧。但是，丈母娘是上海丈母娘，是爱管事的上海丈母娘，而且又是孩子的外婆，对这个孩子的热爱不比我们少，所以她在公园里跳舞时，跳着跳着，就蹦出一个名字，说是叫陈好，与那个女演员一样。在玩电脑游戏时，玩着玩着，就蹦出一个名字，说是叫陈顺，顺子在斗地主的游戏中，是变化最多的。

我随手准备着一个红皮子本本，把一个个随时想出来的名字记下来。

有一天晚上，小青在旁边提醒说，什么东西越陈越好？我说，那只有酒和瓷器了，这两样东西都是不怕时间的，时光流逝得越快越好。酒越陈越香，茅台三十年陈酿，已经几十万元一瓶子了；瓷器越陈越值钱，家里若有个明清时期的青花瓷，恐怕就能换一套房子了。于是我提出了几个相关的名字，陈酒，陈酿，陈醇，陈瓷，陈瓦，陈陶。

小青说，陈酒太直接了，像个酒鬼；陈酿，容易把酿与娘念混，有些娘娘腔；陈醇感觉不错，不过已经被上海一个艺术家用掉了，步人后尘而难超之，这是很悲哀的；陈瓷，感觉有点反应迟钝的意思，像是个傻瓜，上海话叫戆大；陈瓦，宁让玉碎不要瓦全，瓦永远都是一个牺牲品，而且瓦太脆弱了。

我与小青对陈陶是非常满意的，陶与瓷一样值钱，不怕老，不怕旧，而且多为艺术品。于是就上网搜索了一下，看看有没有同名同姓的。我们一查就傻眼了，陈陶竟然是唐朝有名的大诗人。百度词条这样介绍陈陶：字嵩伯，自号三教布衣。诗人早年游学长安，善天文历象，尤工诗。举进士不第，遂恣游名山。唐宣宗大中时，隐居洪州西山，后不知所终。有诗十卷，已散佚，后人辑有《陈嵩伯诗集》一卷。其《陇西行》四首之二：“誓扫匈奴不顾身，五千貂锦丧胡尘。可怜无定河边骨，犹是春闺梦里人。”把残酷现实与少妇美梦交替在一起，造成强烈的艺术效果，至今仍脍炙人口。

我说，那就叫陈小陶吧。

小青说，我们家葫芦娃怎么可以叫陈小陶呢？起码应该叫陈大陶吧。

小青又提醒说，衣服怕旧，食物怕旧，房子怕旧，人更怕旧，连石头也是怕旧的，你再想想，还有什么东西是不怕旧的呢？

我突然冒出了三个字——陈不旧。

这三个字，一下子涵盖了人世的一切，不管什么东西，无论是酒也罢，瓷器也罢，随着时间的流逝，都会受到伤害的，至于酒越陈越香、陶瓷越久越值钱的说法，都是人们一种欲望的体现。在时光中，谁也躲避不了“陈旧”，但是“陈”了没有关系，只要依然“不旧”，愈旧而弥新，这才是人生的大哲学。

陈不旧成了我们首选的一个名字。小青在网上把这三个字测试了一下，四句话为：陈不旧（吉），能获众望，成就大业，名利双收，盟主四方。

当我与小青抚着肚皮“不旧儿，不旧儿”叫得正欢，有一天外出散步时，在电梯里碰到一位老太太，她伸手摸了摸小青的肚皮，然后说，这么硬，是个儿子吧？旁边的邻居也问，你们做B超了没有？是儿子还是女儿？我与小青突然醒悟，果真是个少爷也就算了，如果是个千金小姐呢？难道对着一个叽叽喳喳的小丫头也叫陈不旧吗？

当时离预产期已经不到半个月了，再起一个女儿的名字预备着，肯定是来不及的。我与小青干脆咬咬牙，一律就叫陈不旧。

因陈而不守旧，还管什么男女呢？

第四个故事

为父的眼泪

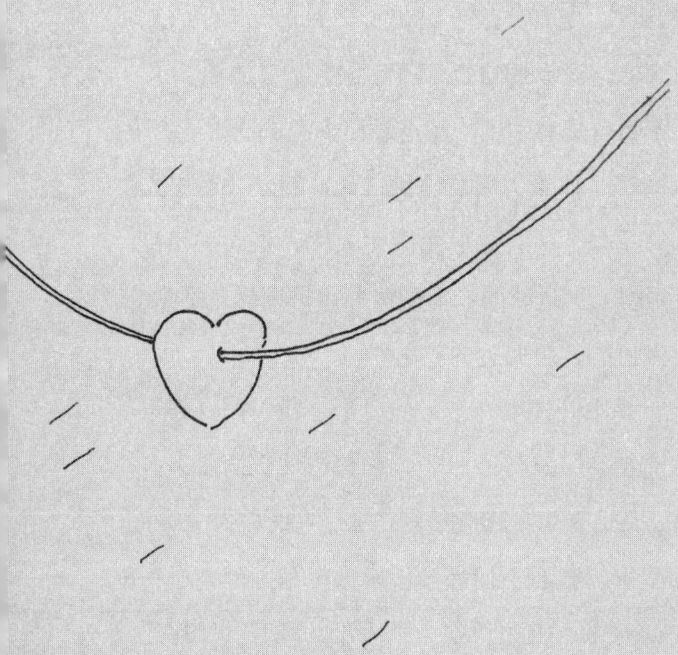

第四个故事

为父的眼泪

葫芦娃出世之前，害得一个四十几岁的老男人哭过两次鼻子。“丈夫有泪不轻弹，只因未到伤心处。”我的哭，并非明朝李开先所能代表的。我是一个多愁善感之人，多数时候流眼泪并非伤心。除了看电视听戏时哭，自己写文章进入角色时哭，平时太想自己老父亲与那一片玉米地时也会哭。早些年，看林黛玉葬花，觉得她哭哭啼啼的有些矫情，后来所经的事儿太多了，再看到“花谢花飞花满天”，自然就想到了“红消香断有谁怜”，尤其“侬今葬花人笑痴，他年葬侬知是谁”，设身处地地联系到流落异乡的自己，不免也会暗自流泪。

自进入不惑之年，不明白是心硬了，还是眼泪少了，就哭得少了，即使真要哭，也是无泪的了。但是为葫芦娃哭过几次后，才明白人类的泪水，在不同的年龄味道是不一样的。为陌生人哭，是同病相怜，是寡淡的；为亲人哭，是担心，是咸的；为爱情哭，是缠绵，是甜的。惟独为孩子哭，更加让人揪心，是血腥的。

二月五日是个阴天，是小青怀孕一个月的日子，我们需要到医院去例行检查。这时候既有期待，又提心吊胆，和探访藏宝洞差不多，既对那些宝贝充满好奇，又怕妖魔鬼怪突然冒出来。在医院做完 B 超，小青拿出一张化验单让我看。我看不懂那一串串数据和图形，小青就给我讲解，孩子仅有一两厘米，上边长着一个小小的胚芽。B 超还绘了一个图像，看上去像一颗发了芽的蚕豆，但是小青说像一只小小的虫子。虫子是个不受人待见的东西，大米里长了虫子意味着霉烂，身上爬了虫子会吓死人的，庄稼上长了虫子一定要杀掉，在路上碰见虫子基本是一脚踩上去，很少有人会绕道而行。

大家对待虫子的态度是反感的，是毫无同情与怜悯之心的。但是对于小青的比喻，我还是接受的，因为蚕豆属于植物，是麻木不仁的，一年一年发芽，它撑破了天，长大了不过一根藤蔓。虫子属于动物，是可以到处跑的，是有生命迹象的，许多是有血液的，是有知觉的，是会疼痛的，而且给人无限的想象空间。它们来自哪里又去向何方，最后又变成了什么，有没有灵魂与来生，我们是一概不知的。

据说，人类就是由虫子进化而来的。比如蝴蝶，本由虫子生的，长着长着就长出了翅膀，飞到天上去了，还被认为是某些亡人的化身。

小青告诉我，我们家的孩子是扁的，一起进去检查的，人家都是圆的。我以为扁的有什么毛病，因为月亮残疾的时候就是扁的，苹果没有长好也是扁的。但是小青很开心，说扁的要生儿子，圆的要生女儿。我问，这是哪里来的理论？小青说，全是那些妈妈们，从网上论坛里总结出来的。仔细想想，还真有几分道理，儿子调皮捣蛋，哪肯规规矩矩，女儿乖巧安静，自然是安分守正。像玩气球，调皮者会把气球挤扁压破，乖巧者会把气球抱在怀里呵护着它的圆。

小青对我说，胎儿的心跳通过扩音器放大的时候，嘭嘭的声音分贝很高，像有人在敲一面牛皮鼓，而且每分钟可以跳动一百二十多次，正常的成人每分钟仅有六十至一百次。我不免肃然起敬，好想听听这生命起源时的声音，听听那击鼓传花的节奏。后来小青再去做检查的时候，我也往 B 超室里冲过几次，都被护士拦住骂了一顿，说是男人不准入内。

隔着门，我还是听到了嘭嘭的胎心，一个小生命正在向世界发出强有力的信号。我感觉自己有一点伟大了，这颗生命的种子是自己孕育的。在这个世界上，我拥有的太多太多，有亲人，有爱人，有朋友，有花草树木，有功名利禄，但是他们统统都是身外之物，惟独这个小生命是离开我的身体而存在的，成了我游离在外的再也无法割舍的一部分。

三月三日，是个周日，照样是一个阴天，偶尔还下一点毛毛雨。我因为加班，凌晨三点才回到家里，所以睡得有些过头，没有及时起来给小青准备早餐。正在梦意中，突然传来一声尖叫，我被吓了一跳，一下子掀开被子，光着膀子坐了起来。我以为家里出现了蟑螂，只有家里出现蟑螂的时候，小青才会大喊大叫的。

小青冲到床边，手上握着一块卫生纸。纸上有两块桃红色的血迹，分明是新流出来的鲜血。如果在以前，还有老大妈，血并不足为奇，可是现在是妊娠期，怎么会有血呢？我恐慌地问，哪里来的？你哪里受伤了吗？小青已经说不出话了，拿着餐巾纸又擦了一下下身，又一片血迹在我的眼前出现。

我感到十分不妙，没有顾得洗脸刷牙，更没有心情来吃早餐，拉着小青立即向医院奔去。一路上，我看到的天空，一片阴沉而低矮，像拆迁的工地，到处是残垣断壁。去医院要经过静安寺，当我看到那金色的寺院与金色的佛塔，自然默念起了“大愿悉成满，百福自庄严”，以祈祷着我的孩子——一个比蚕豆还小、比虫子还弱的生命，愿我的孩子能够吉祥平安。

我们尽量回忆着前一天，她都做了什么，都吃了什么。在这个世界上，到处都隐藏着陷阱，伤害是防不胜防的。走路有伤害，吃饭有伤害，就连不吃不喝，仅仅呼吸一下空气，也会因为污染而受到伤害。小青说，她中午走了一些路，去了一趟朋友家，朋友已经怀孕七个月；

在家吃了两个芒果、四个橘子和一个橙子。除了这些，都是静静地躺在床上。

我们跑到医院，因为是个周末，所以门诊不开，平时人山人海，现在显得十分清冷。好多门都是锁着的，窗口也只开了一个。我跑到挂号处，工作人员有点漫不经心，一边玩着手机一边慢腾腾地挂号。

我忽然想起一个故事：上帝提着一个箱子，对一位死者说，应该上路了。死者说，箱子里装着什么？上帝说，装的是属于你的东西。死者说，是我的衣服和金钱吗？上帝说，它们不属于你，它们属于地球。死者说，是我的记忆吗？上帝说，它们属于时间。死者说，是我的才华吗？上帝说，它们属于事件和情景。死者说，是我的朋友和亲人吗？上帝说，他们属于你人生旅途的经路。死者说，是我的妻子与孩子吗？上帝说，不，他们属于你的心。死者说，那一定是我的身体。上帝说，不，不，它属于尘土。死者说，那肯定是我的灵魂。上帝说，错了，你的灵魂属于我。死者流着眼泪、满怀恐惧地接过箱子，打开了——箱子竟然是空的。死者说，我从来不曾拥有任何东西吗？上帝说，是的。死者说，什么是属于我的？上帝说，每一个你活着的时刻都是你的。

对于一个四十多岁的、一直认为自己活不过六十岁的男人，意味着生命已经消耗了三分之二。所以，我是一个更加珍惜当下的人，每一束光线一旦消失就不会重新再来，此时此刻永远只有一个。当我看到十字路口倒计时的红绿灯，以及每一片不停摇晃的叶子，我能感到生命在一秒一秒地咔嚓咔嚓地消失。但是，从来没有像这个早晨，时光的流逝让我如此心痛。此时的每一秒都关系到我的孩子，关系到我的血脉，关系到我的生命是否可以从头再来。

在我把病历卡递进窗口的时候，看到挂号的小伙子迟缓的动作，听到打印机缓慢的转动声，我的眼泪瞬间流了出来。我不明白为什么显得从未有过的伤心。这个孩子花费了多少心血，寄予了两个中年人甚至是暮年人的多少厚望，如今却流血了。大人的血可以流一些，一颗蚕豆的血，一只小虫子的血，是万万流不得的。多流一滴，就干涸了，就衰竭了，轮回就结束了，那个投胎的灵魂是不是就返回去了？

但是有谁能顾及我此时的感受呢？挂号的过程，天上下起了毛毛雨，汇集了一些小水滴，从我的脸颊上往下流，遮掩住了我的泪水。在急诊室的门口，坐着三五个男人，他们一律比我年轻，比我充满了活力。他们也是来看急诊的，他们怀孕的爱人也流血了，但是他们显得悠闲自得多了。恐怕因为他们正处于繁殖的高峰期。小青经常对我说，人家多简单，一个晚上，两个人睡一觉，肚子就大了，就怀孕了，哪像我们这样，不是复制一种产品，而是在发明一种产品，难度系数太高了。

好不容易轮到小青进入 B 超室，我站在走廊看着三月的天空。雨停了，乌云散了，有一片白云，像一团散淡的人形，从天际飘了过来。我虔诚地盯着这片白云，双手合十地祈祷着。我明白这片白云从遥远的天际飘来时带来了神灵。

小青进去了三分钟，但是我把耳朵贴在门上，仍然没有听到 B 超室里的任何动静，甚至连病床扭动的吱吖声也没有。小青进去前说，如果孩子没了，她会当场晕倒的。

小青会不会晕倒了呢？

在漫长的等待之后，确切地说是五分二十八秒，B 超室的门打开了，小青走了出来。她什么话也没有，拿着一张纸递给我。我没有在意那张纸上的那串数字代表着什么，但是从小青稍微温润一些的脸色和眼神中，我已经明白孩子暂时还是安全的，还依然在我的体外在他母亲的腹中。他像一根藤蔓长在悬崖边上，紧紧地抓着，努力地向上爬着。

小青随后又去听了听胎心。隔着急诊室的门，别人家孩子的胎心听上去清脆、萌动、有力而富有节奏，但是我们家孩子，只听到嗞嗞啦啦的声响，有点像收不到节目的收音机。小青出来后说，是先兆性流产，就是还没有流产，需要卧床静养。

在医院里开了些药，又打了一针黄体酮，我带着小青回家了。回家后，小青躺在床上，不敢翻身，不敢大声咳嗽，为了解决上厕所的问题，我们准备好了马桶。我到处翻阅朋友们送来的各类育儿书籍，而且上网搜索相关资料，希望能够找到流血的根源。我还给几个医生打了电话，一个是妇产科的教授，一个是同事的妻子——有着生育经历的女人。但是他们都没有一个明确一点的说法，也没有什么好的处方，只是叮嘱卧床静养。

我下午应该再去单位加班，但是什么心情也没有了，便在家里陪着小青慢慢地熬着。中午过后，小青又流了一点血，还是桃红色的。看着沾有血迹的刺眼的白纸，我又一次次地流泪了。如果他出生了，长大了，可以说话了，我还会这么担心吗？直到晚上八点左右，小青再去擦拭时，血终于停了下来。但是整个晚上，我彻底地失眠了。

第二天是周一，医院正常门诊。按照急诊的吩咐，得再去仔细地检查一下。我怕一路太折腾，不符合“卧床静养”的医嘱，就先打个电话问问主治医生。查了半天电话，终于打到了值班室。电话是护士接的，说主治医生不能接电话，有什么事情直接到医院来吧。

门诊里里外外全是病人，比菜市场还要拥挤。菜市场与医院有时候其实一样，菜市场是专门维持生命的，医院是为了延续生命的。不管三七二十一，我扒拉开人群，冲到主治医生的身边说，我们家的小青流血了。主治医生没有抬头，也没有说话。我又说一遍，我们家的小青流血了，昨天看了急诊，让今天再看门诊，我们现在怎么办啊？

只要他告诉我怎么办就行了。要挂号，我立即去挂号；要换别的医生，我们立即换人；要回家继续静养，我们立即回家。但是他最后只说了一句，你挂我的号也没有用，我这里还有四十个人，看完了应该已经下班了。

我十分生气地质问，你没有时间，是否应该告诉我，我们应该怎么办吧？但是他，沉默着，似乎什么也没有听见。

有人安慰我说，这些医生什么生死没有见过？他们已经麻木了。我心想，如果我是医生，是绝对不会如此冷漠的。其实越是看到了太多的生死，越应该体会别人的不容易，因为生命是一次性的，是容不得重复和倒退的。

我再找到其他医生的时候，或许因为快下班了，或许因为忙碌一天太疲倦了，他们都是轻描淡写地说，不流血就没事了。有几个孕妇也说，她们也流过血，当初都挺过来了。我想，挺过来的人都在医院里，那些没有挺过来的人如今又会在何处呢？

我在惶恐与无奈中，让小青平躺在车后的座位上，然后把她送回了家。在单位里，一整天都无法安心上班，跑到同事那里诉说了一下，希望能够得到别人的指点，但是他们同样都很平淡。

生孩子的事，对亲生父母而言是天下大事，难道于别人而言，哪怕救死扶伤的医生，都是微不足道的吗？

这就是我们所处的世界。

大概是八月初的时候，上海遇到了几百年不遇的高温，每天都是四十多度，周边的某些地区烧到了四十三度。我见识过沙漠地区的五十度高温，明显能看到空气中的火苗。那火苗不是红色的，因为掺杂着水蒸气，只能看到火苗的波涛，看不到火苗的颜色。上海那几天，就出现了这样的火苗，大家都惊呼，这是大难临头的天象。

有一位朋友来上海旅游，是我与小青一起全程陪伴的。那天去的是乌镇，早上十点左右出发，一路开到乌镇时，已经是午饭时间了。我们在镇上的居民家用餐，推开临街的木门，古色古香的厢房里，摆着江南的旧式家具，桌子椅子都是那般古朴，桌子上沏着西湖龙井。推开窗子，便是乌镇河，河边杨柳青青，河水轻轻荡漾，河上有游人泛舟而过。朋友是个文人，所以对于乌镇真是欣喜不已，连连大呼，来对了，来对了。

打算逛个半圈，黄昏时分就要离开的。朋友要回上海市区参加一个聚会，我要赶到太仓去参加一个颁奖典礼。因为朋友喜欢，我们把各自的事儿推掉了，在乌镇多逛了一圈。顺着北街，吃了几样小点，尝了多年不遇的冰棍，试了试中国胭脂谢馥春，还逛了逛昭明书院；顺着南街，看了看茶馆，拜谒了茅盾故居。天黑后风凉爽了，有一轮上弦月挂在千年古镇的屋檐上，加上一盏盏红灯笼掌了起来，把一条石板路照耀得有些迷离。我们坐在石拱桥上，都舍不得离开了，一直到晚上八点左右，才登上一艘画舫，划过一片湖面，离开了乌镇。

由于迷路，回到上海的时候已经是晚上十点多。小青很痛苦地对我说，葫芦娃在肚子里翻江倒海，连续剧烈地运动了几个小时。我说，从什么时候起？小青说，从上车前就开始了，也许是太累了，也许是坐车时间太长了。我说，你为什么不早说呢？当时就应该躺在车里。小青说，毕竟是陪客人的，我怕说出来朋友有压力。

我很心疼又很生气地说，朋友很重要，但是孩子更重要吧？但是小青一再交代，以后也不要说，说了人家会内疚的。

小青在生活中是个重情重义之人，她对待朋友，对待家人，全部都是那样掏心掏肝。对于这件事情，我对她是有意见的。腹中的孩子才七个月，如果因为一时的情义而造成了早产，这对我们、对孩子将是多么大的灾难呀。

从太仓打来的电话一个又一个，我其实是很想赶过去的，有全国各地的诗人们在那里等着，大家要在太仓这座美丽的小城里，谈论诗歌生活。但是我还是推掉了，坐到小青的身边看着她的腹部。

我被面前的一幕惊呆了。她的腹部不停地扭曲着，一会儿左边，一会儿右边，一会儿上边，一会儿下边。小青躺在床上，几乎不像一个人，而像一只袋子里装着一条巨蟒。这条巨蟒在袋子里快速地蠕动着、盘旋着、撕咬着。我感觉这条巨蟒很快就要突破这只袋子，从里边钻出来似的。

我颤抖着伸出手，轻轻地抚摸着小青的肚皮，一边流着泪水一边轻轻地念着，葫芦娃乖呵，葫芦娃乖呵。但是这种扭曲一直没有减轻，频率也没有减缓。小青说，我们大人运动两三个小时，恐怕都累死了，何况一只虫子呢。

我有了更加不祥的预兆。在人生中多少次面对死亡，别人的死亡、自己的死亡，也从来没有如此害怕过。

晚上十一点半，我哭着拨通了一位朋友的电话问，怎么办啊？这位姓滕的妇产科专家说，还是去医院吧。

我准备带着小青去医院的时候，小青担忧地说，本来就因为太折腾了，我们再去医院的话，恐怕又要折腾几个小时，而且去医院挂急诊有意义吗？我认为她说的有些道理。为了让小青好好休息，我把灯全部关掉，拉上了窗帘，躺在她的身边。我不敢翻身，不敢咳嗽，甚至不敢呼吸。

不知半夜几点，小青终于发出了均匀的呼吸。再到凌晨窗外泛白的时候，趁着小青上厕所的机会，我问她，孩子还跳吗？小青说，已经不跳了，也许睡着了吧。我问，多长时间不跳了？小青说，不知道呀，跳得太厉害肯定不好，但是如果一直不跳的话，情况可能更加糟糕。第二天早上，我着急地问，孩子跳了没有？小青说，跳了，已经不那么剧烈了。

自此之后，每天早上一起来，我问的第一句话便是，葫芦娃跳了吗？大部分时候小青说，跳了。我便明白孩子还在健康地成长着。如果她说，还没有跳呢。我想孩子也许有什么地方不舒服，就十分地担心起来。

小青后来发明了一个妙招，如果孩子长时间不跳，她就用手电筒对着肚皮照一照，或者用手轻轻地弹一弹，葫芦娃立即就会跳起来了。而我，一旦碰到孩子的跳动，就轻轻抚摸一阵子，直到他安静下来为止。

那是我与这个未出世的小生命仅有的交流方式。

为了孩子的安全，再有朋友从外地来上海，无论男女老少，都是自己一个人带着他们，夜游黄浦江，登临明珠塔，闲走陕西路。

小青在一次胎监时，情况有些不妙，胎动十至二十分钟两次；波动：平坦；宫缩：不规则；加速反应：无。医生说，加速反应“无”，就是没有呼吸。

这又把我吓了一跳，呼吸是生命的保证，没有呼吸还是生命吗？人死了的主要特征就是“断气”。

医生的补充解释是，没有呼吸肯定是不过关的。但是胎儿在母亲的腹中是不需要呼吸的，他们的氧气是靠着脐带来传输的。

在医生的要求下，做了一次生物物理评分。胎动：二分；肌张力：二分；羊水指数：二分；呼吸运动：〇分。医生分析的结果，仍然没有过关，需要继续进行胎监。

中午吃饭的时候，小青饭量出奇的大了，不仅吃了一碗馄饨、两个面包和两份青菜，还喝下了一瓶可乐。她说，早上没有过关，恐怕是没有吃饱的原因。我不明白吃饱了与胎儿呼吸的关系，但是有一条道理我是懂的——母子连心。

但愿我的孩子好好地饱餐一顿，然后恢复他的生命力，继续朝着这个世界奔来。

第五个故事

衣裳的花样

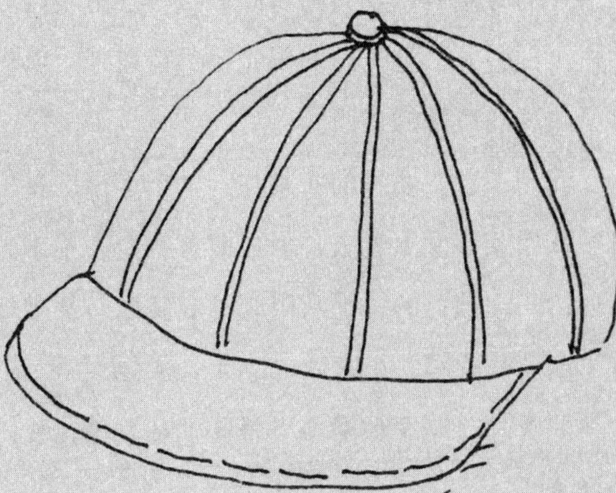

第五个故事

衣裳的花样

在一个物质过剩的年代，衣裳是穿不完的，而且没有一个补丁。

如果有，那些补丁不过成了装饰，那些破烂不过成了炫耀。

小青叮嘱我，离预产期两个周左右的时候，要腾出一个周末专门用来浆洗葫芦娃的衣裳。按照小青的要求，葫芦娃的东西不能混在大人的东西一起洗，而且是不能使用洗衣机的，那样的话不仅不干净还会把好好的东西洗坏了，所以必须是一件件地用手去搓。

九月十三日，天气出奇的好，高温已经远去，早晚二十多度，天蓝得让人发疯，阳光稠稠的，风凉爽得有些醉了。早上六点多，窗外响起了老人们晨练的舞曲《好日子》。平时觉得有些吵闹，如今却成了很好的背景音乐。我随着伴奏轻手轻脚地爬起床，把阳台与房间的窗户全部打开，把外边的阳光与风请进来，然后喝了一杯牛奶，准备开始清洗葫芦娃的东西。

我问小青，要洗的衣裳呢？她指了指沙发说，不太多，就这么一堆吧。我朝沙发上看去，上边摆着四个大箱子。一个绿色的，两个红色的，一个蓝色的，把葫芦娃的衣裳分门别类地装着。我吃惊地问，都是葫芦娃的吗？小青说，是呀，这才几件呀，我们同事还没有怀孕，准备的衣裳、鞋子和围巾早就花了几万块，我们相比之下哪有做父母的样子？

小青常常说，谁谁谁又网购了奶粉，谁谁谁又从国外代购了纸尿裤，谁谁谁连孩子上学的书包都准备了两个，一个红的，一个绿的，最后用哪个，看孩子到时候的心情。小青是不喜欢网购的，为了葫芦娃，照样在多个网站注册了账户，购物车里添入了好多东西，有小袜子，有小鞋子，有儿童专用纸巾。同事购买了一个美国品牌的吸奶器，她就说，我们怎么可以让葫芦娃用得比人家差呢？于是四处打听有谁出国，终于逮到一位中学同学去美国旅游，让人家花了一百五十美元外加一张抵用券，代购了一台原装的美德乐。

小青原来在大街上，遇到有人发小卡片就躲，如今竟然主动上前要，而且经常与一帮子准妈妈们交流一些促销信息。我们家免费领到的东西，有一袋子产妇用品，有几包纸尿裤，都是在中环百联商场领的。有一个婴儿摇椅，像一个高档的提篮，是在港汇广场交了三百块钱押金排了一个小时领的。一年后归还的时候，那家店铺已经搬家，好不容易在一个小巷子里找到了，除了一张告示之外，门是锁着的。

在妇婴医院做胎监的时候，有位护工模样的阿姨问小青，你家有婴儿奶粉吗？小青以为是搞推销的，立即拒绝了。后来与其他孕妇一交流，才明白阿姨在免费赠送奶粉。小青耿耿于怀了几个月，在我面前念叨了不下五遍。她再碰到阿姨的时候，希望能把两包奶粉讨回来。据小青说，这位阿姨遭到拒绝之后，自此态度就变了，要么不冷不热，要么横眉冷对。我觉得莫名其妙，后来从行业人士那里找到了原因——天上不会平白无故掉下个林妹妹，之所以有人愿意免费发放奶粉，那是在控制婴儿的第一口奶。

成人总怀念小时候吃过的，哪怕是稀饭，哪怕是酸菜，哪怕是土豆，都认为是天下最好吃的，无论身处何时何地，总想回去再尝尝过去的味道。婴儿比任何成年人都敏感，都忠贞，也许人生第一次吃到的东西，都会化入生命之中，成为生命的一分子，所以在接下来的成长中，尽管他们会尝尽百味，但无论苍老成什么样子，仍然可以准确地辨别出当初的味道。可见那些想左右婴儿饮食习惯的人，是多么的狠毒。

我一直怀疑，一个孩子赤条条地来到人世，是不是立刻需要穿衣裳，是不是需要一块遮羞布，是不是需要打扮与装饰？当小青要给葫芦娃网购两顶帽子的时候，我说，一个孩子要那么多帽子干什么？小青十分生气地说，葫芦娃马上出生了，一切都得从头准备，别说是帽子了，你给他买过一根针吗？

有一天，我有急事要回单位处理，便把小青独自留在医院里，爬楼梯，排队，化验，取报告，付费取药。而人家每一个孕妇，身后都是成群结队的，老公、父母、公婆、姑嫂，又是递水，又是搀扶的。临离开前，我心里有些不忍地问，你想吃什么吗？小青说，想喝水了，你买瓶水就走吧。我在超市买了一瓶脉动，又买了一瓶矿泉水，当路过几个儿童用品商店的时候，我突然想起了小青的话，于是在眼花缭乱的商店里，选择了一顶巴掌大的帽子。

帽子十分单薄，带着白色小花。小青接过那顶帽子十分开心，不像孩子得到了一顶帽子，而是得到了一个镶满了钻石的皇冠。她当着一大群孕妇不停地追问我“多少钱”，因为太低廉了，太微不足道了，所以我吞吞吐吐地回答她，十块！但是，一群女人羡慕地说，天蓝色的好看呀，十块钱这么便宜呀，在哪里买的呀？我走出医院的长廊时，感觉像个威武凯旋的英雄。而小青则抚着肚皮，得意而幸福地微笑着。

这顶帽子在我印象里，葫芦娃出生后戴过一次，也就三五分钟，恐怕太小了，恐怕不得体，就不知所终了。在一个几十年不遇的寒冷的冬天，我又买过一顶羊绒帽子，帽子上有一对猪八戒式的大耳朵，可以保护葫芦娃的耳朵。但是戴在头上尤其像日本鬼子，葫芦娃第一次戴着出门的时候，看得小青捧腹大笑。之后，由于各种各样的担心，再没有给葫芦娃买过衣裳了。无论到哪里开会或者是出差，我只好带点当地的特色食品。

自从小青怀孕的消息被不断地扩散，许多朋友同事亲戚都松了一口气。随着我头发不断地苍白，牙齿一颗颗地脱落，脸上皱纹不断地加深，脸上的表情日益地疲倦，他们对我的繁衍能力失去了信心。有位朋友还安慰我说，做丁克很时髦的。如今突然听到一个四十多岁的男人说，我老婆怀孕了。这种意外与冲击力，不像我射出了一枚小蝌蚪，而是在这个世界上投放了一颗原子弹。

比我大的，已经抱了孙子，比我小的都已经为人父母。为了表示祝贺，他们一波波地快递礼物给我，开始送一些育儿手册和怀孕须知，前前后后达到了二十多本，最厚的竟然有六百多页，后来就会提着大包小包给我，全是孩子的衣袜鞋帽，而且全是新的。这些新东西，极少数是刚刚花钱买的，大多数是自己孩子当年剩下来的。赤橙黄绿青蓝紫，颜色样样艳丽；西装唐装旗袍裙子，款式样样奇特；绒的毛的线的皮的，面料五花八门；一月半岁三岁五岁，各个年龄都适合。

丈母娘有个一起跳广场舞的朋友，让人从新疆捎了几十斤上等棉花，撕了几丈全棉的布料。布料上印着天鹅、企鹅和北极熊，专门给葫芦娃做了两床被褥。之所以要棉花的，而不要蚕丝的，据丈母娘介绍，桑树都见不到一棵，哪里会有蚕呢？蚕怎么会吐丝呢？所以那蚕丝全是假的。选个黄道吉日，我开车把被褥拉回来的时候，用手摸了摸，哎呀，那个绵呀，那个软呀，是我这辈子感觉到的最暖和的东西了，超过了四月的阳光十月的火苗。

其中有人送了两双鞋子，都是半岁前穿的，一双米黄色的，一双黑色的，比一只肉包子还小。小青看了，点点头又摇摇头，说竟然是真皮的，那么光亮柔滑，应该不是牛皮，而是狐狸皮，或者是兔子皮。

那两双皮鞋一下子勾起了我的回忆。我拥有人生第一双皮鞋是十八岁。十八岁之前我穿着的，全是姐姐一针一线给我纳的布鞋，更小的时候没有布料纳鞋底子和鞋帮子，我穿着的是用葛条或者玉米衣子编成的草鞋。有一年，我考入城里一所学校读书，学校对面是一家皮鞋厂。这是我见过的第一个工厂，也是第一次见到那么大那么漂亮的院子。房子一排一排的，多得几乎看不到边，都用红砖砌成的，房顶不再是倾斜的，神秘得像一个童话城堡。每次放学后，从皮鞋厂经过时，我都会使劲朝里看，对两个门卫肃然起敬，觉得天下最了不起的人，不是老师，而是门卫了。我常问同学们，皮鞋到底是怎么做出来的？皮鞋的皮子真是从牛呀羊呀身上剥下来的吗？

我放过牛喂过猪，也杀过牛杀过猪，觉得牛皮与猪皮，不像肥肉那么油腻，又不像瘦肉那么干巴，嚼起来是味道最香的。我想象不出来，这么香的东西怎么会做成皮鞋。那么光亮，那么漆黑，形状那么漂亮，而且是臭兮兮的。如果真用牛皮猪皮做的，岂不是可以煮着吃了？这事儿，从几本关于万里长征的书中得到了答案，说革命前辈在爬雪山过草地时，太饿了，把皮鞋和皮带放在锅里煮了。

当时除了我还是布鞋之外，同学们脚上基本都是皮鞋，每天晚上他们脱掉皮鞋，成双成对地摆在架子床下边，尤其是有月光透进来洒在皮鞋上，感觉像两只停泊着的小船。我想，皮鞋穿在脚上应该很舒服吧？所以晚上起夜时，有意无意地趿踏着别人的皮鞋，试一试。来这所学校之前，我是没有看到过皮鞋的，或者说已经有皮鞋了，也许我们老师就有皮鞋，但是除了作业本与课本，我从来没有注意过，包括女同学踢毽子，穿着绣花鞋还是什么鞋，我一点都不清楚。

天天从皮鞋厂经过，看到从皮鞋厂进进出出的男女，我真是羡慕极了。那年夏天，有个穿着一双暗红色高跟鞋的女孩，每当她从我们宿舍外的小径上悠悠穿过，我的心就莫名其妙地跳了起来。我给她写过信，信中表达了爱慕之情，也表达了对她那双高跟鞋的赞美。我说，如果有机会，我一定要用她的皮鞋做一顿丰盛的晚餐。

我发誓要买一双皮鞋穿穿。有一个周末，我像一个小偷似的，拐进皮鞋厂门外的门市部里，问一双皮鞋多少钱？一个女服务员说，你要多大的？我伸出手比画了一下，意思是两拃长吧？服务员说，三七的？还是三八的？要不你先试试吧。我不明白这个数字代表着什么，所以又问了一句，需要多少钱？服务员说，十二块左右吧。听到“十二块”这个数字，我几乎有些崩溃了。第一次逛鞋店，也可以说是第一次逛商店，我几乎没有敢正眼打量里边，碰到那些出售的东西眼睛就挪开了，真像一个小偷被识破了似的，一下子溜了出来。

十二块，在如今几乎算不了什么，顶多一盒档次不高的快餐，一包不上档次的红双喜香烟。但是在那个年代，尤其放在一个放牛娃出身的穷孩子身上，无疑是一笔巨大的财富。举个例子吧，我们村的孩子大部分因为交不起两块五毛钱的学费辍学了，我之所以还能继续念书，全靠着自己放学后砍柴与采药。从山上砍下松树枝子，以一百斤三毛钱卖到镇上，让人烧砖烧瓦盖房子；采天麻那些名贵药材，常常得挖遍一座山，运气不好还会空手而归。常规情况下，夏天采五味子，秋天采柴胡与苍术，应该一两毛钱一斤吧。我考上的那所学校是国家供应的，每个月三十二斤饭票，女同学吃不完，会拿着去小卖部换卫生纸——那个年代还没有卫生巾。我也不明白什么是卫生纸，擦屁股少数时候用的是作业本，多数时候用的是树叶子。

有几次回家，见到父亲吃不饱穿不暖，我张了张嘴什么也没有说。拥有一双皮鞋的梦想并没有就此破灭，而且越来越强烈，因为马上要恋爱了，严格意义上说是暗恋了高跟鞋。她是我的学妹，属于同县的老乡，家住贺家村，所以姓贺——如今已不知长相的一个漂亮女孩。最后我下定决心，要靠着自己挣一双皮鞋回来。

那年暑假，我留在了学校。父亲左顾右盼，见我没有回家就十分担心，骑着一辆自行车翻了几座山，蹚过了丹江河，来回一百八十里，撵到了学校里。晚上，父亲住在宿舍里问，你为什么不回家呢？是嫌弃家里穷吗？我说，不是的，是想挣钱呢。父亲说，城里要柴没有柴要药没有药，你一个孩子能挣什么钱？

我确实茫然极了，放假时学校已经停伙了，连开水也不供应了。我白天借了个煤油炉子，自己下一点白水面条，晚上则像兔子似的，摸入学校外边的庄稼地里，偷吃生的西红柿与卷心白。碰到有月光的晚上，认得哪些西红柿红了；如果没有月亮，只好黑灯瞎火地挑一些比较大的，不管青红皂白地坐下来啃。

父亲在学校住了一夜，第二天早上又骑着自行车走了。临走时，父亲说，我明白你想买一双皮鞋，但是我只能给你十块钱。父子两个在学校外边推让了一阵子，我趁着给父亲绑裹脚布的时候，把十块钱悄悄塞到了他的裹脚布里。我明白，在一百八十里路上，父亲口渴了会趴到河边喝生水，肚子饿了会跑到地里啃几根玉米秆子，十块钱应该是好不容易节省下来的。这样的钱，我怎么可以用来买皮鞋呢？

父亲走后，有位老师找到我问，有个累活愿不愿意干呢？我问，什么活？老师指了指对面说，皮鞋厂里边有个烤胶厂，专门制造鞋底子的。有一大堆的橡胶渣，对他们来说是废物，对学校来说是宝物，可以用架子车拉回来，等到开学后给学校烧锅炉。我听了，两眼放光，这有什么累的呢？所以什么也没有问就答应了。

正值三伏天，气温很高，橡胶渣刚倒出来还冒着热气，所以就特别不容易。从皮鞋厂到学校又是一个斜坡，那年暑假一个月时间，我一个人在这条倾斜的道路上挣扎着。老师要给我开工钱的时候，我说，给我一双皮鞋吧。老师当时十分吃惊。不明白是工钱不值一双皮鞋，还是这个学生的要求有点怪。九月开学，我就穿着一双皮鞋，敲门撞进了高跟鞋的宿舍。我不明白从哪里来的勇气，也许正是人生中拥有的第一双皮鞋吧。那双皮鞋我穿了三个学期，鞋帮子就裂开了，鞋底子磨出了洞。有一次回家，干脆扔在了家里。随后又被父亲补了补，穿在自己的脚上——同样是父亲一生中的第一双皮鞋。

除了皮鞋之外，在我身上还发生过许多有关穿戴的故事。比如在衣裳方面，一岁之前，基本是光着屁股的；十岁之前，我穿着的总是别人淘汰下来的，已经补丁加着补丁；十七岁之前，我只有一套衣裳，每个周末回到家，换上大人们的衣裳，把自己仅有的一套衣裳，拿到河里洗干净，晒干了再穿一个星期。逢到阴雨天，晒不干，只好连夜烧火烘干。

最让人痛苦的是裤带了。小时候没有裤带，穿的是开裆裤子；长大了比较雄壮，懂得羞耻了，就得用裤带系着。那时候整个村子，没有一个人有皮带，清一色的是麻绳子，好一点的是用旧布搓的。麻绳子好处是摔跤呀干活呀不容易断，坏处是难解开。有时候想拉屎撒尿了，一慌乱就拉成了死结，扯又扯不断，脱又脱不掉。因此尿湿裤裆是大有人在的，光我身上就有三五回吧。

我第一条皮带，是带扣环的那种，是我大姐夫送我的。在我进城上学的第三年，大姐夫去韩城煤矿挖煤，带回来两条皮腰带，把其中一条送给了我。那条皮带两指宽，一头是亮晶晶的扣环，一头打着四五个眼眼。我系着皮带上厕所的时候，脱下裤子总是磨磨叽叽的舍不得系上，专门等着让其他人看。晚上睡觉时，我就把皮带解下来，挂在宿舍的床头上，有几次吓得同学以为挂着一条蛇。而且在我屁股后边总要露出那么半截，像一条尾巴。有几个同学见了，都羡慕地问，是不是牛皮的？我会拉过尾巴说，当然是牛皮的，黄牛皮的。

那天，连午饭也没有吃，一家人一起清洗葫芦娃的衣物。直到太阳落下的黄昏，才把葫芦娃的生活用品全部清洗了一遍。包括婴儿床、儿童椅，还有几十个尿片、几件毛巾和浴巾。看着阳台上挂满了五颜六色的衣裳，有裙子，有褂子，有短衫，有长裤，真像一面面生活的小旗帜。我在想，这些衣裳，葫芦娃每天换一件，起码能穿半个月吧？恐怕有些衣裳还来不及穿，葫芦娃就长大了，长高了，长胖了，不合适了。有些衣裳是五六岁孩子的，等葫芦娃长到五六岁会不会褪色呢？会不会过时了呢？葫芦娃会不会又有一大堆更新更好的衣裳呢？

对比那个贫穷年代，有关衣裳真是刻骨铭心。有些是伤感的，有些是欣慰的，有些则是心酸的，让人忍不住直掉眼泪。但是这种记忆，其实与衣裳的款式、花色没有太大关系，现在能够记住的已经不是穿了什么，而是怎么穿的，冷不冷，热不热。

不管是衣裳、鞋子，还有裤带，它们之所以诞生，从树皮草叶，到布，到皮，再到披金挂银，原本是为了遮羞的，保暖的，护体的。无论发展到什么时代，衣裳的本质应该不会变的。当物质生活发展到富足甚至是过剩的年代，人们对孩子是爱得起的。但是衣裳穿在孩子们身上，对于孩子而言，除了保暖和干净之外，赏心悦目的应该不是孩子。

小青看着阳台上滴着水的大大小小的衣裳，对我说，葫芦娃真是太幸福了。

孩子生活的富足，或者说是过剩，是幸福还是负担呢？谁也说不清楚了，只有等着孩子长大了，把这些衣裳都穿过了，再一件件地抛弃了，也许才会有答案的吧？

第六个故事

玉佩的纠结

第六个故事

玉佩的纠结

说实话，葫芦娃选择小青投胎作为他的母亲，应该前生是做了很多善事的，没有救过几只狐狸的话，应该也是救过几只兔子的。

其实比起准备衣物，小青在没有怀上葫芦娃之时，早就在不经意间开始准备礼物了。

第一个礼物比较普通，是从狗嘴里抢回来的一只纯白色的毛茸茸的小熊。有一天小青参加一个聚会回来，是带了两样玩具的，另一个是橘黄色的布娃娃。那时候葫芦娃不明白在哪儿云游，还没有想要投胎转世的意思，更没有葫芦娃这个代号了，但是有一只进门不久的取名范二的泰迪。

小青一进门,从包里兴冲冲地掏出一只玩具,说是太对不住范二了,人家原来住的大别墅，坐的奥迪，到我们这个穷家来受苦了，所以聚会的时候顺便就买了两个玩具。小青说,可怜的范二还没有一件玩具呢。于是她把一只布娃娃朝着范二扔了过去。范二迅速地跳了起来，从空中叼住了布娃娃，送回到了小青的脚边。小青坐在地板上，再远远地抛开，范二又扑上去，再次叼了回来，像一场奇怪的垒球训练。玩了几圈，范二就改变了玩法，不断地又扑又咬，像对待一只濒死的猎物似的。见布娃娃丝毫未动，它站在不远处叫上几声，然后扑上去使劲地撕着，不一会儿就把布娃娃的两只胳膊撕了下来。

小青从范二嘴中夺过了布娃娃，一下子扔进了垃圾桶。

我不解地问，为什么要扔掉呢？小青说，你没有看到已经烂了？范二吃下去的话是会生病的。我一直在旁边观看着，开始被她们的欢快感染了，有时候也参与其中。但是随着布娃娃被撕烂，露出了里边的棉絮，我感觉这不仅仅是一只玩具，而是有血有肉的长期蜗居我心间的一个生命。

我从垃圾桶里捡出这只受伤的玩具，有点忧伤。范二瞬间撕掉的，不是一只玩具，而是我童年的一个愿望。

连一只狗都有玩具了，而我这个四十多岁的人，至今还没有真正地拥有过一件自己的玩具。童年时，我曾经试图为自己制作一个玩具，用柳枝做成了一个弹弓耀武扬威地挂在胸口上，却因为没有一条橡皮筋，所以发不出一颗石子；用梨木做了一把手枪别在自己的腰间，却因为没有一根火柴，所以从来没有听到枪响；在放牛的时候，从老黄牛身上一撮撮地收集着夹带着腥味的牛毛，揉成一个球，但是它软乎乎的，拍在地上根本没有办法弹起来。

从我六七岁起，家人交到我手中的永远都是放牛的鞭子和上山割草的镰刀。父亲已经年近八旬了，母亲去世三十多年了，两个姐姐已经远嫁他方，在他们的概念里永远就没有玩具，只有生活的工具。

小青没有发现我内心的波动，又从包里掏出了一只纯白色的小熊，朝着范二开心地抛了过去。这一次，我抢在范二的前边，一把接住了小熊，然后抱在了怀里。

小青说，快点抛起来呀。

我没有说话，带着这只小熊进了房间。

小青说，你多大了？还和一只狗抢东西，好意思吧？

我对小青说，不是我要玩的。小青问，我们家除了小狗，还有谁？我说，我要把它留给我们的孩子，等你怀孕了就有孩子了，孩子应该会喜欢这个小熊玩具的。

小青听了，摸着自己的肚皮笑了，好像已经怀孕了似的。

她把撵过来的范二一脚踢开，拿来一个塑料袋子把小熊封了进去。

自从葫芦娃意外地拥有第一件玩具之后，小青就接二连三地为没有任何音信或者是还没有出生的孩子准备玩具了。

她有意识为孩子准备的第一个玩具是千纸鹤。她从外边买回一大堆五颜六色的彩纸，每天一下班就开始折叠千纸鹤。她叠得很专心，不放过每一根线条，不放过每一道工序。每叠出一只，她都会把它轻轻地放入一个透明的玻璃瓶子里。

我问她，孩子要这些千纸鹤干什么？是送人吗？还是拿到风中自己放飞？

小青问我，孩子出生了，第一眼看到的是谁？

我说，看到的当然是你了，你是生他养他的母亲呀。

小青说，这是当然的，接下来呢？他会看到什么？

我说，接下来就是我了，我是他无比丑陋的父亲呀。

小青说，真笨，除了人，还有这个世界，我们家宝贝一睁开眼睛，你想让他看到一个什么样的世界？

我抓着头说，如果是春天，应该让他看到蝴蝶，如果是夏天应该让他看到蜻蜓，如果是秋天应该让他看到萤火虫，如果是冬天只能让他看到满地落叶了。

小青很不满意地说，他出生是在医院里，哪里会有蝴蝶和蜻蜓呀？所以说，我叠的这些千纸鹤，到时候穿起来挂在他的床边上，让他一睁眼就能看到千纸鹤在飞，赤橙黄绿青蓝紫，应该多好呀。

小青到底叠了多少，我已经不清楚了。突然有一天，她不再叠千纸鹤了，把剩下的彩纸全部扔进了垃圾桶。问她什么原因，她愤愤不平地说，你闻闻，这纸是不是有味道？电视里已经说了，这种彩纸是用化学药水染的，挥发出来的气体有致癌作用，我们不能让这些颜色欺骗了孩子。

千纸鹤本来是装在玻璃瓶子里边的，但是在小青查出怀孕之后，她竟然把自己辛辛苦苦叠出的东西全部倒掉了。我有些不解地问，在瓶子里装着，气味又不会跑出来，还是可以摆着看看的吧？倒掉了多可惜呀！起码留到孩子出生，让他放到小河里去。

小青又愤愤不平地回答，你真是什么都不关心，我们家的孩子属什么的？

我说，今年是蛇年，孩子属蛇的呀。

小青说，那不就对了！

小青平时爱看动物世界，明白蛇是仙鹤的美味，仙鹤是蛇的天敌。仙鹤在空中盘旋着，一旦发现了蛇的行踪，就会俯冲下来把蛇吃掉的。

在葫芦娃出生前，为了迎接这个新生命，我们把家里的花花草草，修剪和清理了一下，好多可疑的苦命的植物，比如绿萝，比如滴水观音，有几棵枝繁叶茂，都长到我们家的屋顶了。小青总害怕它们有毒，让我统统搬至门外的走廊。走廊不仅没有一丝自然光，还被野猫们当成了自己的乐园。

有一只猫来路不明，把花盆当成了它的厕所。我清理过一阵子，今天清掉了，明天又有了，怎么也弄不干净，尿臊味熏得人头晕眼花。小青说，好不容易弄走一条狗，如今又来了一只猫。况且猫是有九条命的幽灵，可以看到另一个世界，对孩子是十分不利的。

有邻居装修，扔了一块三合板，两面席子那么大。我用它，把整个楼梯堵住过，不清楚这猫哪来的能耐，还是一如既往。我怀疑不是野猫，是谁家养的宠物，挨家挨户敲过门，在楼道里张贴过“告同胞书”，可是没有一位邻居承认。

那阵子，我天天爬楼梯，从一楼爬到十八楼，再从十八楼走到一楼，想捣毁这只猫的老巢。每爬一次楼梯，都出一身汗，累个半死。后来，我改变了策略，凌晨三点在走廊里守着，有一天果然发现了肇事者。它是黄色的，体形较大，走路威武雄壮，像一只微缩版的老虎。我提起一根棍子便追，哪能追得过一只畜生。从一楼追到顶楼，眼看着走投无路了，但是它一个折身，便从我脚下溜掉了。

我折身追至一楼时，连个影子都没有了。大门是紧闭着的，惟有电梯上上下下。

我喘着粗气走进电梯，发现搞清洁的阿姨，在电梯里低头拖地。

我说，有一只猫你见过吗?

阿姨说，没有啊。

我说，猫会乘电梯吗?

阿姨说，应该不会吧?

我气急败坏地回到家，丈母娘已经起床，正准备下楼买菜。

我说，猫会乘电梯吗?

丈母娘说，你以为它是猫王吗?

我说，它不会飞，如果不坐电梯，不可能逃走啊。

不一会儿，听到了丈母娘与阿姨的争吵。丈母娘的意思是，因为我们把几株植物放在走廊，影响了环境整洁，所以猫应该是从地下室上来的，是阿姨给它按的电梯。

万般无奈之下，我终于下了一系列的狠招。第一招，是在花盆里埋进了油泼辣子。油泼辣子是朋友送的，我平时享用的时候都被辣得直翻白眼。我心想，它用爪子刨坑的时候，不辣它个泪流满面才怪呢。但是我埋在这个花盆，它换到那个花盆，我埋在那个花盆，它换到这个花盆。最后，干脆直接方便在地上。

第二招，撒上玻璃碴。我们家阳台打碎了一块玻璃，我便把玻璃碴全撒在上边。玻璃碴十分锋利，还没有弄好呢，把左手就扎破了，流了一些血。若是猫站上去，应该能把它的屁股扎烂。但是猫似乎天生就练了轻功，是武林中的高手高手高高手。或者它不怕痛，根本挡不住它。

第三招，用粘鼠板。在上海多年，真没有见过老鼠，有阵子以为老鼠在城市活不下去，所以灭绝了。有一天，听同事大喊大叫，说有一只小动物，坐在一张椅子上模仿她。她照镜子，它便照镜子，她伸个懒腰，它便伸个懒腰。那阵子，她正追捧《精灵鼠小弟》，我以为她走火入魔。不想，第二天我上班早，走进办公室果然看到有两个小东西，躺在我平时休息的折叠床上。它们还尿床了，把我的折叠床尿湿了一片。

我终于明白，乡下老鼠会四处乱窜，而城里老鼠是养尊处优的。我跑到外边一问，杂货店与超市里均有粘鼠板出售。我第一次认识粘鼠板，发现就是一张塑料板上边涂了厚厚一层胶水而已。我买了三张，回到家，放在一条必经的通道上。第二天，粘鼠板上果然留下了一串脚印。丈母娘说，听到过猫惨烈地叫，恐怕被粘住过，不过还是让它逃掉了。我本不想置它于死地，逃掉就逃掉了，哪里明白第二天，它避开了粘鼠板，仍然痴情地来此如厕。不就撒个猫尿拉个猫屎吗？不理解它为何要冒生命危险。

第四招，老鼠药，也就是投毒。虽然据传猫有九条命，我还是纠结了好几天，犹豫要不要痛下杀手。最后，这畜生似乎在故意戏耍我，不仅仅拉屎撒尿，抱几根骨头来此享用，而且从老鼠那里偷师学艺，把几棵植物的皮也啃掉了。我恼羞成怒，便向物业求救，物业经理嘿嘿一笑，附在我耳朵边说，一包老鼠药不就解决了？我说，要是人家养的宠物怎么办？物业经理说，谁知道你干的？

我跑遍了外边的超市与小卖部，竟然没有老鼠药出售，因为无证销售属于违法行为。并非生活在法制社会，老鼠就是侥幸的。在小区里，碰见了居委会阿姨，她告诉我说，老鼠药可以免费提供，只要到居委会登记一下。

领到两包老鼠药，我先用卫生纸和报纸，再用塑料袋，把它里三层外三层地包好。即使如此，回家的路上，我感觉身上装着的，是两颗沉重的原子弹。

我向小青汇报了自己的投毒行动，并交代丈母娘买两条鱼，要新鲜的。丈母娘说，一个畜生要新鲜的干什么？但最终带回来的还是活蹦乱跳的。一切就绪，只等天黑。小青历来心善，开始一言不发，后来慌慌张张，端茶杯子的手不停地发抖。

我说，杀只猫，又不是杀人，你怕什么呢。

小青说，万物都是有灵性的，尤其是猫，它东不去西不去，偏偏跑到我们门外，到底意味着什么？你再看看它们的眼珠子，是蓝色的，是深不见底的，谁明白会通向何方？

当天晚上，计划并没有实施。不过，第二天十分神奇，第三天更加神奇。第四天，第五天，花盆里再没有见到屎尿了。我相信我要投毒的消息，不是物业或者居委会传出去的，那么这个消息是谁吐露出去的呢？我恍然大悟，要么是神灵，要么是我们自己。当我们在家里大声议论之时，有意无意地其实是在向它传播着福音。

人猫大战，不战而和。几盆放在楼道里的植物，原以为能给他人带来一点美，由于长年不见光，如今已经残败了，放在公共空间里，只会让大家不舒服，所以被我清理掉了。恐怕也是那只猫的初衷吧？

忙完这个有趣的插曲，我们把家里的木地板、书桌饭桌、被子衣裳、窗子阳台统统擦洗了一遍。添置了一台新冰箱、一个消毒碗柜、一个水曲柳的书柜，还有一个迷你型的洗衣机。新冰箱专门给葫芦娃储存奶粉和冷冻食品，比如水果泥和稀饭。小青说，与大人的东西混在一起容易串味；消毒碗柜是改装上去的，主要用来消毒，怕有什么病菌传染；书柜放我那些杂七杂八的书刊杂志；迷你洗衣机专门洗葫芦娃一个人的衣裳。

之外，我们决定把家里认真地布置一下，尤其是光秃秃的墙上要挂一点书画作品。我们对葫芦娃未来的规划，就是让他写毛笔字，他有兴趣的话可以再画点画。这种规划原因是多方面的：一方面不想让孩子的人生太累，二是实现梦想时的代价不要太大。一台钢琴恐怕要几万块吧？而毛笔仅仅十几块钱一支。再说了，我连钢琴有几个琴键都不明白，要学的话得请老师，据说一小时也得几百块。但是毛笔字，我写不好，起码会写，万一不行，十几块钱就能把“二王”请回家了。

我家里字画倒是非常多，有长安城的大作家书写的一副对联，有老诗人洛夫来上海时给我的题字，有在同觉寺禅修时方丈曙提法师为我写的“佛”。另有一幅是卞增年的漫画《对酒当歌》，卞先生已经失去联系近二十年了；一幅是福州画家许廷干的《秋收图》，画了一个大大的南瓜，因为当年我有一个网名叫南瓜；一幅是中西融汇的油画《贵妃醉酒》，是画家刘令华的代表作，市值有八千万元了吧？我这一幅当然不是原画，而是一幅乱针苏绣作品，八年前拍卖价已经五万元了，如今又值几何了呢？无论是哪幅书法，还是哪幅绘画，都可以当成我们陈氏的传家宝。

请装修工人来的时候，小青东也不行西也不行，偏偏挑了一幅来路不明的《荷塘》要挂在客厅里。

我问，为什么要挂这幅呢？小青说，你傻呀，你看看画的是什么？我说，是荷叶、莲蓬和池塘呀。小青说，上边还有什么？我说，似乎是败了的荷叶。小青说，你站远点看，是不是有两只青蛙？

我离开一米，再眯着眼睛看了半天，并没有看出两只青蛙，如果说真是两只动物的话，有可能是两只被撕碎的蜻蜓。

为了不打击小青，我连连点头说，是青蛙又能怎么样呢？

小青说，蛇爱吃青蛙呀。

原来她把这幅画当成了食物，不是能吃的那种食物，而是能给人带来吉祥命运的食物。这幅不足一米的无名画，从此挂在了客厅里，有人问起来历，她说是北京一位著名画家送的。我天天看着，慢慢发现那上边确实有两只青蛙，神似而形不似的青蛙。

离葫芦娃预产期还有一个月，有一天晚上我下班回家，与往常一样趴在小青的肚子上，来感受一下葫芦娃的存在。小青问，孩子还缺什么呢？我想了想，似乎什么都缺，又什么都不缺了。

对于童年生活，我最为遗憾的是没有一样玩具，其实遗憾的并不是玩到了什么，而是一种抱怨。是对亲人朋友的抱怨，也是对贫穷时代的抱怨。一个人拥有一件玩具，意味着多一份别人对自己的关心，多一份这个世界对自己的温暖。

葫芦娃的玩具可以说什么都有，但有什么是我这个父亲的心意呢？孩子长大了，老了，在一个千奇百怪的玩具时代，电动汽车、蜘蛛侠、变形金刚、奥特曼，如果没有一件打上了父爱的烙印，他的遗憾会比我少吗？

对于孩子而言，或许更为重要的，是随着他的诞生、成长和苍老，应该有那么一个礼物，是一直属于他的，是值得相伴一生的，是不离不弃的，是通灵的，是护佑着他的，是一步步融入他命运的，而且可以血脉相传的。

这个礼物是什么呢？恐怕只有与时间比肩的金银玉石了。

第二天是个周日，我拨打了一位经营金银首饰公司的朋友的电话。我咨询有没有玉佩，他很痛快地说，吉祥扣、玉观音、玉弥勒、金项链、银手镯，你来公司随便挑吧。

我带着小青赶到了朋友的公司。朋友从库房里把所有的饰品都搬了出来，摊在一张桌子上。真是什么都有，个个充满了美好的寓意，也漂亮得让人爱不释手。我与朋友喝着功夫茶聊天，小青则一件件地挑选着，最后她把目光落在了一枚吉祥扣、一枚玉观音、一枚弥勒佛身上。

朋友问，你们有没有查一下，看看是男还是女？在我们那里有个说法，男戴观音，女戴弥勒。我说，有人说肚子是扁的，应该是个儿子，有人说肚子硬得像石头，应该是个儿子，有人说孕妇变丑，也是儿子，到现在没有一个人说是女儿。小青有点生气地说，我变丑了吗？我怎么会变丑了呢？不过，或许真是儿子吧，因为他踢我的时候力气很大，像葫芦娃在操场上踢足球。

朋友说，那就恭喜你们挑个玉观音吧。小青拿起翡翠玉观音，在我的脖子上比画着，突然吃惊地说，玉观音的脖子怎么断了？朋友拿起这块玉佩，对着窗外的光线照了照说，嗯，是有裂缝的，你们换一块吧。

小青把所有玉观音拿出来，又挑了一遍，要么嫌弃太大，要么嫌弃太小，要么嫌弃太薄，要么嫌弃把观音雕刻得五官不清。有一块满意的，她却说，你发现没有，这块全白，没有一点绿，太单调了吧？我说，男孩子一定要戴观音吗？不能戴弥勒吗？平时我们去寺庙里，可是什么都要拜的。小青说，就是民间的一种说法，再莫名其妙也得信。

她又怀疑地问，你确定我们是个儿子吗？我说，我希望是一个女儿，是女儿的话，我可以给她梳一个马尾巴，穿一条花裙子，听她在耳边叽叽喳喳地叫。小青说，你得了吧！如果生个女儿，你辛苦买的房子，从世界各地搬回来的石头瓦片，还有几个天鹅蛋恐龙蛋化石，都一齐得改姓了，不能再姓陈了。你打心眼里，还是想要儿子的，儿子可以给你传宗接代。

我笑了笑说，儿子女儿都姓陈，我统统喜欢。

小青想了一个万全之策，挑了一个玉弥勒，留下一个玉观音。朋友说，如果是儿子，就戴观音，剩下的弥勒留着送儿媳妇；如果是女儿，就戴弥勒，剩下的未来送女婿。

我还想再挑一个，给小青戴着，祈求她平平安安，万事如意。小青这么贤惠的上海女人，能嫁给我这个外来的土疙瘩，吃了很多苦，经受了太多委屈，遭到了太多嘲笑，实在太不容易了。但是到她身怀六甲时，我别说送她一枚戒指，连一把真正的桃木梳子也没有送过。

但是小青拒绝了。回家的路上，我说，干脆不给葫芦娃了，我们两个各戴一个算了。当小青把那枚翡翠玉观音想戴在我脖子上的时候，突然发现，玉观音链子是打不开的。

我的心七上八下。这是不是命中注定呢？这是不是缘分和预言呢？这之中也许有神在指引着，是由不得人去选择的。我把那枚打不开的玉观音戴在了自己的脖子上。我想，这枚玉佩真有什么不祥，那就让我来承受掉吧。

刚刚回到家中，我的胸口就开始疼痛，像用针扎过一般。我脱下衣裳一看，身上出现了一块红斑。小青说，我们换着试试？我说，可能过敏了，你是一个孕妇，我怎么忍心把这个惹事的东西戴在你的脖子上呢？

但是小青不顾一切地把玉佩抢了过去。她戴了一个小时，竟然什么反应也没有。也许有，她故意隐瞒掉了而已。我再次抢回来戴着的时候，依然有一股股的刺痛袭来。

两个人抢来抢去，不是为了装饰各自的人生，其实都有替葫芦娃受难的意思。

晚上聊天的时候，我半开玩笑半认真地说，不是玉观音的原因，应该是我的原因。玉是通灵的，要么是我太脏了不配，要么预示着我不久于人世。小青说，葫芦娃还没有出生，我们的好日子刚刚开始，你千万不要胡思乱想。我说，从阴阳学来讲，我们家里恐怕只允许一个男人存在。我要娶你的时候，你父亲去世了，葫芦娃要出生了，我的身体越来越不妙，估计就得走了。小青说，如果真是这样的话，我不要他，宁愿要你，只要你好好地活着。

小青问，你一双眼睛通红，是不是胆囊炎犯了？小青点燃了一支艾条，让我躺在沙发上要为我治疗。艾条冒出一股浓烟，在房间里弥漫着，熏得小青有些咳嗽。艾条的这种味道吸多了，对孕妇是十分不利的，严重的话会造成流产。但是小青宽心地说，放心吧，如果真流产了，葫芦娃也能在保温箱里活下来了。

作为母亲她怎么可以不顾孩子的死活呢？但是仔细一想，作为女人她怎么又能不顾自己丈夫的死活呢？

那段日子，小青拖着笨重的身体，除了用艾条给我治疗之外，还专门买了一块牛角的刮痧板和橄榄油，在吃完晚饭之后给我刮痧。她在睡觉前，还端来一大碗的葡萄，说葡萄是可以暖胃的，可以缓解我的病情。她端来的葡萄，不但用水洗过，用凉开水冲过，还用盐水泡过，每一颗都被剥掉了皮，只剩下了晶莹的果肉。

于是，我的身体竟然慢慢地好转了，也许是小青精心照顾的结果，也许是我佩戴着的玉观音开始显灵了。

我又开始纠结，等我们家的葫芦娃出生之后，我要不要把这枚多灾多难的玉佩还给他呢？

第七个故事

未知的遗产

第七个故事

未知的遗产

我与小青掰着手指算了算，如果不是我们夫妻天生善良的话，葫芦娃一出生一根草不带，至少就有五套房子。

我的丈母娘，就是葫芦娃的外婆，是地地道道的上海人，原住在静安寺附近的愚园路上，据说那边拆迁的时候家家都是一夜暴富。丈母娘是知青，下乡到了南通，回城的时候，属于她的那份遗产早就不明不白地被谁继承掉了。我的岳父，也就是葫芦娃的外公，原是南通第一大户，范氏花园亭台楼阁，如今成了南通有名的古代园林；范氏家宅堪比宁荣二府，如今似乎是中山路或者人民路，解放前后就全部被收为国有了。

即使不计算这些，岳父去世之后我们去查户籍档案，发现小青的爷爷当年在上海一家医院工作，住在陕西南路靠近南京西路的地方，可惜岳父从小被南通的姑奶奶领养了。南通的姑奶奶，我去串门子的时候见过，一头银发，行事十分优雅，一看便知是大家闺秀，门对门有两套三室两厅的房子，全部归了她的亲生女儿。这些枝枝叶叶、根根蔓蔓，单从法律角度讲，葫芦娃都是有合法继承权的。

我有些好奇，问过几次小青，小青要么不语，要么就两个字：算了！

我在西安时，在一家杂志社工作，住在城墙附近的农宅里，每天步行上班下班，都要穿过小北门。那时没有自行车，更没有小汽车，一个单程要走半个小时以上。但是那时候并不觉得烦，感觉自己不是在上班下班，而是唐朝一个文官在上朝下朝。出租屋很破，是三楼的一个阁楼，上下是要搭梯子的。除了一张床一张桌子，连把椅子也没有，平时写个东西看个书，只能坐在床沿上。也没有厕所，好在当时年轻，膀胱特别能憋，一晚上不上厕所一点问题也没有；更没有水龙头，冬天一个月洗次澡，夏天一两个周洗次澡，都是去澡堂子，至于洗脸，已经忘记了，不清楚自己每天到底有没有洗脸，反正牙齿是几天刷一次的，也许连牙齿也不刷了吧？

这么个破房子，推开窗子，能看到城墙，如果从这里纵身一跳，就会跳到城墙上去。所以，我对这个房子特别敬仰，感觉自己像是电影里演的，直接住在城墙下的掌管城门的卫兵。房东是一对夫妻，男人老家是河南的，女人据说是我的老乡，他们是我最最崇拜的。崇拜他们，就因为他们两个外地人，凭什么弄到了这套宫殿一般的房子。

早上或者是黄昏，我上班下班的感觉非常奇妙，一直顺着城墙根子走，再从小北门拐进拐出就到了。觉得像是巡城的卫士一般。每每碰到在城墙下打太极或者是跳舞的老人，我都会笑着打个招呼。一九九九年的夏天特别热，整个西安城谣言四起，说是要地震了，大家疯了一样向外逃难，其实这个谣言的根源就是我。有一天早上，我和一个打太极的老人打招呼，这个老人自言自语地对我说，西安要地震了。回到单位，我每遇到一个同事，都重复一遍说，听说西安要地震了。没有想到，到下午下班时，每碰到一个同事，他们都对我说，要地震了你明白吧？第二天，有些同事就不来了，有的说是去上海出差，有的说是到杭州旅游。不几天，这条消息就上了报纸，是地震局出来辟谣的。

在西安城里，我换过几套出租屋，都不在城墙边上。换房子的原因是自己拿了工资，想住得宽展一点，有一室一厅的，也有两室一厅的，基本有一个可以半夜三更有事没事敲门蹭口水呀借把刀呀的女邻居。但是再没有城墙根下那个小阁楼住得自豪了。后来，重回西安，故地重游了几次，没有找到当初那栋房子，原地上已经盖起了一座大厦。一问才明白，房东已经搬迁了。大厦的保安说，那个房东呀，早就发大财了。

十几年间，我在多个城市租过房子，总共租过十二次房子，有两次租得有些豪华。二〇〇一年在广州工作，开始住在五羊新城，每个月是八百块。有一次，西安几位老同事到广州玩，大家坐着轮船一起游了一次珠江，同事们被珠江两岸的景色给镇住了。他们看着江边被打上荧光的绿树，看着江中的波光艳影，特别是两岸直入云霄的高楼大厦上，一盏盏探照灯晃来晃去，像一只只巨大的手电筒，把整个天空都照亮了。有人问我，这光从哪儿来的？他们在照什么呢？会不会是在抓坏人呀？有人羡慕地对我说，广州真漂亮，你来广州真是选择对了。

坐完船，大家从江边的石板路返回。看着附近的小区里，有人推着童车，有人牵着宠物，还有一些少男少女，手拉着手在凉爽的江风中漫步。我当时就想，如果我也住在这里，窗户朝着珠江，大门直通江堤，应该是多么浪漫啊。

这个梦很快就实现了，单位搬到了广州大桥南边，我在五羊新城的合同也到期了，于是下了血本，以每个月一千四百块钱的价格，在广州大桥西南侧租下了一套两室一厅。房子在三楼，装修得十分古朴，家具全是暗红色的。厨房与客厅之间有一个吧台，我那时候还不明白温酒或者煮咖啡，就坐在吧台上烧开水。客厅里有一个米色的沙发是布的，坐在上边很软很暖和，也不明白是什么材料，反正从此再买沙发的时候，我对真皮沙发就很蔑视。

朝南的一个房间直接通向一个大露台，上边种满了各种植物，有美人蕉，有月季花，也有栀子花。朝北的那间房子以及客厅，窗子外边是没有围栏的花园，花园边上是石板铺成的江堤。大堤与地面是齐平的，除了小小的栏杆与铁链子之外，与珠江之间是没有任何遮挡的。这与上海有些不同。上海无论是苏州河还是黄浦江，大堤都是高出路面很多的，人走在路上根本看不到河水。所以苏州河与黄浦江就成了旅游的一部分，而不是生活的一部分。

坐在这间出租屋里，能清晰地看到珠江上的游船，直接面对对岸的星海音乐厅，夜深人静的时候还能听到演出散场后的喧哗。即使躺在床上，也能透过落地玻璃窗子看到江面细碎的波浪，感觉自己就躺在珠江中间一般。这么一套在海子“面朝大海，春暖花开”的诗中出现的房子，险些就变成了我自己的房子。

房东是一个生意人，开了几十家超市。据我所知，他在广州有五套房子。他见我住得十分满意，而且又是一位诗人，所以就对我说，你喜欢的话，我把这套房子卖给你吧？我问多少钱？他说，三十万吧。我每月的工资是七千块左右，是人们普遍羡慕的数字，我在银行里的存款是两万多。我怎么买得起这样的房子呢？房东却说，你可以按揭呀。

在青春时代，一切都是无知的，我不明白什么是按揭，所以从此不再过问这套房子了。

后来，单位不再为我补贴房租，自己实在心疼每月一千四百块钱，又舍不得离开如梦如幻的房子，便又找了一对刚刚结婚的小夫妻与我合租。我出八百，他们出六百。再后来，我前往北京工作，就由他们独自负担。再再后来，他们是搬走了还是买下了，已经不再联系了。只从广州的老同事嘴里知道，这套房子应该值五六百万了吧？关键是房源稀缺，有钱也买不到了。

没有想到的是，上海成了我漂泊人生的最后一站。娶了上海女人，将有一个上海孩子，自己的名字已经雕刻到了上海的墓碑上——虽然是以生者的名义雕刻在岳父的墓碑上，同样是再也抹不去的，所以我必须在上海定居。

开始还是租房子，第一次租在延平路，一室户的老石库门，二十平方米左右，二〇〇三年底的时候，一个月一千四百五十块。房子里有一张床，是用木头打的，被子褥子是自己带的，没有书桌，也没有书柜，有一个坏了的小电视，还有一只老式电话机。没有专门的厨房，也没有专门的厕所，厕所与洗浴间是在一起的，可以一边淋浴一边拉屎撒尿。有一个黑咕隆咚的小隔间，放了一张钢丝床，床上堆着房东自家的破铜烂铁，散发着霉变的气味。第一天，一位朋友，也是一位老板，进来看了看，原以为能喝个茶，还没有进门呢，便捂着鼻子退了出去。

虽然简陋了点，但是地处静安区，到康定路的单位步行也就半小时，坐公交车的话也就两站。背后是静安区体育场，站在走廊里，透过一扇窗子，能看到有人踢足球，有时也有几个老外，带着孩子在扔飞碟。每到周末，清早开始就有人挥着拍子打球，不是羽毛球，也不是皮球，有点绣球的样子，是十分时髦的网球。后来才明白，这是中产阶级的运动，不是我们能打得起的。我们连羽毛球也打不起，羽毛球不贵，拍子也不贵，但是没有地方打，马路上风太大，车来车往也太危险。

有个周末，一时兴起，翻出一套短衫短裤，想去体育场跑跑步，顺便在人造的草坪上打几个滚，但是刚进去跑了一圈，就有人过来收费。说体育场是要收费的，每人每小时十五块，这让我翻了半天的白眼，怎么也没有想到在这个世界,学着小狗小猫打几个滚,也得留下买路钱。

出租屋对面是自然美大厦，是生产自然美化妆品的蔡燕萍女士盖起来的。天天在这栋几十层的大楼下边生活，仰望着一块块蓝色的玻璃窗子，仰视着金色的尖尖的楼顶，我一直十分好奇，在我们老家磨一袋子面粉，也会弄得红尘四起乌烟瘴气，而自然美没有一台机器，没有一个烟囱，没有穿着蓝衬衫的工人，出入的皆是花枝招展的美人，那一盒盒的胭脂红粉都是怎么生产的呢?

我借机溜进去过一次，仅仅允许在大堂转了半圈，从保安那里得知，这个大厦并不是什么工厂，而是最大的美容院。保安说，进去做一次美容，要消费几百块几千块，简直吓我一大跳——顶得上十袋子面粉钱了。这是我对美容的第一个昂贵的感受，大姐用的蛤蜊油，才多少钱呢？即使这样，她只有出嫁和走亲戚才涂过几次，其余时间都是素面朝天的。

出租屋周围除了自然美，朝南拐几个弯子，穿过几个巷子，步行半个小时就到了静安寺。第一次出门，在南京西路上碰到了金碧辉煌的静安寺，同样觉得十分稀奇。在我们老家，方圆几百里寺庙很多，全部都建在山清水秀的地方，也都是在偏僻安静的地方。山越大庙就越大，山越偏香火就越旺盛。在上海这么繁华的文明的不讲迷信的不信鬼神的大街上，却有一座寺庙，寺庙对面竟然是大名鼎鼎的百乐门舞厅。

我说这么多，想告诉大家，上海这个地方的房租，是与房子本身没有关系的，而是与房子的地段有关。郊区一套别墅顶不上城区一套老房子，城区一套老房子又顶不上中心城区的一片荒地。在上海荒地是最值钱的，不用搬迁安置。按照一位同事的说法，荒地是最有生机的地方，睡一觉挖掘机与推土机就开进来了，再睡一觉一座大楼就盖起来了。

我朝北摸索了一阵子，竟然来到了苏州河。一来到苏州河畔，我的心态就乱了。原来别人问，你住在哪里？我说住在延平路的自然美，人家不明白我住的是石库门，以为我住的是高楼大厦的蔡燕萍。别人再问，你什么时候买的房子？我只要不言语，人家以为我住在自家房子里。有一天黄昏，也许是农历十五吧，我来到苏州河边的梦清园，这是一个开放的亲水平台，有片竹林和一只大水车，还有几座小木桥，桥边系着木舟。登上木舟，可以坐着欣赏苏州河两岸的景色。

苏州河北岸有一个小区，后来知道叫中远两湾城，有几百座高楼，有几万户人家。华灯初上之时，临河的窗户一扇扇次第打开，就把整个苏州河也点亮了。低头看波光粼粼的河水，也是万家灯火，一滴滴清明的河水，在水下复制了又一个灯火辉煌的世界。那天晚上是有月亮的，而且是一轮圆月，与人间的灯火一比，显得有些猥琐和消极。我数了数窗户，最低的有二十二层，最高的有三十二层。特别是三十二层的窗户一开，感觉直接能够抓住天上的那轮圆月，起码是可以撩到几片白云的。

中远两湾城的大门口，有一辆红色小车缓缓驶了出来，在一个亭子边与保安争论着什么。能清楚地看到，开车的是个留着长发的女孩子。我身边，有一对男女，应该是专门到梦清园约会的吧？他们相依着坐在木桥上，呆呆地仰望着对面。一个带着河南口音，一个带着安徽口音。女孩子迷离地问，你看那辆小车，是啥牌子的？男孩子说，应该是奔驰吧？女孩子说，奔驰前边是个十字，我们老板就有一个十字。男孩子说，难道是奥迪吗？女孩子说，奥迪是四个环，比奥运标志少一环。男孩子说，那应该是宝马了。女孩子点了点头。男孩子说，等我有钱了，我也买个宝马给你，你喜欢啥颜色的？女孩子说，我也喜欢红色的。

两个人说着，他们似乎真拥有了一辆宝马，紧紧地搂在了一起。

我在心里想，等我有钱了，第一件事情不是买辆宝马，应该是在这样的小区里买一套房子。这么个小区，这么多房子，这么多窗户，却没有一个是属于我的，所以我最大的梦想就是拥有一套自己的房子。到那时候，我就不是坐在河边数窗户的人了，而是打开窗子、拉开灯的人了。我在延平路的出租屋，窗子玻璃碎了一片，心想不是自己家的，所以就没有及时补一片新玻璃。有一天晚上，小偷从这里钻进去，偷走了我的电脑和手机。手机里有无数朋友的电话，电脑里有我多年写下的诗歌与小说，没有发表，也没有备份。我痛苦万分，拥有一套能够按照自己的意图进行修修补补的房子的决心更大了。

我拥有第一套房子的时候还不认识小青。

当时我们单位进了一位新同事，坐在我的对面。他除了上班之外，整天都在密谋着投资。他给我的第一个忠告就是，如果一个人身上的现金超过八千块，人生就是很失败的。而那一年，我银行的账户上有二十八万元的活期存款。这不是失败，简直称得上败类。我问，投资什么呢？他说，买房子呀。我说，钱不够呀。他说，按揭呀。

我开始问，什么是按揭呢？他说，就是银行贷款呀。我说，银行贷款不是欠债吗？他说，欠债有什么不好？用银行的钱来买房子不是很好吗？我才知道，他在上海买了一套房子，在重庆买了一套房子，当时正在考察北京的房子。

二〇〇四年五月，我们共同看准了北京的一套房子。他对房子的周边环境以及房子的配套设施做了半个月的研究，而且在一个周末，专门带着老婆去北京实地进行了考察。他回上海后下决心说，值得投资。

这个小区叫米罗公园，位于北京东二环，对面是龙潭湖公园，离天安门广场打车仅要十五块钱。房子是精装修，有两室一厅的，有一室一厅的，二〇〇六年交房，平均单价是五千八百元一平方米。我糊里糊涂地跟随着他，把两万块钱的定金打到了开发商的账户上。房子是通过公开摇号销售的，我也不明白什么叫摇号，反正现场气氛十分高涨，与彩票开奖时是一样的。摇到号的人高兴得直流眼泪，没有摇到号的人则痛哭流涕。我很快被这个场面感染了，摇到号之后，毫不犹豫地选了一个十二层的九十平方米的两室一厅。

在这个世界上即将拥有一套自己的房子，既非常奇妙又十分恐惧。购房手续都是售楼小姐帮着办的——首付了十二万元，从银行贷了四十多万元，每个月还银行本息两千六百元。之所以说恐惧，是因为父亲一直都在存钱，每有五十块或者一百块钱，他都会拿到银行存起来，有时候缺个十块八块的，就千方百计卖一根木头，凑齐一个整数再存起来。我自己从小到大，也是在存钱中长大的，从来没有想过要贷款。如今，每个月三分之一的工资要交给银行，并且要持续将近三十年，交到我六十岁——我一直怀疑自己能不能活到六十岁。

似乎从那年起，北京的房价开始节节上涨。两年后房子交到手中，我专门买了一套乳白色的家具，安装了乳白色的窗帘子，在里边睡了两个晚上。那种不需要花钱就能住在北京城的感觉是伟大的。晚上的夜色都是为自己而来的，早上推开窗子看到龙潭湖的景色，感觉每一根小草都是为自己而绿的。

三个月后，房子以每月三千二百元租给了一个云南女人。她做茶叶生意，也很漂亮。她说自己喜欢这种乳白色的很干净的基调。我不但不用还贷款，而且租金还有节余。我就这样糊里糊涂地做上房东。做上房东之后，便被中介公司，特别是我爱我家给盯上了，不停地打电话问，房子卖不卖？我每次都开一个很高的价格，先是每平方米八千，后是每平方米九千，后来干脆翻一番，直接开到了一万二千元。

二〇〇七年，也就是奥运会开幕之前，我有一个计划——买两张跳水比赛的票，住在自己家的房子里，去欣赏穿着比基尼的美女运动员。可是，同事给我的说法是，北京房价之所以暴涨，是要举行奥运会的原因，奥运会结束之后，房价应该会跌下去的，投资应该转向二线城市。很快，他以九十三万元处理掉了北京的房子，我以一百三十万元也处理掉了北京的房子。

买我房子的是一个在银行工作的北京女孩，我们在中介公司会面之后，她一会儿递杯水，一会儿抛个媚眼，有种迫不及待的样子。我并非帅哥，也不是慈善家，于是感觉到了不妙，立即就反悔了。当时，她父亲陪着她。她父亲是位老干部，说闺女要结婚呢，结婚证都领了，人得讲诚信，大家以后还是朋友，我给你留个电话，说不定还能帮你一把。在中介的提议下，我加价三万元，心一软就成交了。

如今回想起来，这个老干部简直就是个感情骗子。房子成交后，他一个电话也不接了，有一次想办北京暂住证，打过几次电话都被他按掉了。

其实真正要怪的话，只怪自己天生太善良，把这套房子弄丢了。

关于我的第二套房子是发生在成为房东之后，其实这才是葫芦娃可以实实在在继承的第一套房子。

我成为房东之后，在上海世纪公园旁边又考察到了一套房子，一百四十平方米，三室两厅，精装修，总价一百万元。北京的房子还没有出手，我还没有那么多的资本，希望与另一位同事合资的时候，他却遭到了鼠目寸光的老婆的反对。但是我并没有停止自己的计划，在一个大雨倾盆的周末，听到朋友提到了一个小区，名字中间带着阳光两个字。

我天生喜欢晒太阳，当我开着车冒着大雨，在上海西部的中环与外环之间找到那个小区时，仅仅远远地看了一眼，就喜欢上这个地方了，于是当场交了两万块押金。

房子一百多个平方米，后来成了我们的家，也是葫芦娃的家。

葫芦娃将在这个家里出生、长大，或者还会一直到老。

世纪公园的那套失之交臂的房子，如今已经涨到一千多万元了，我住着的这套房子四百多万元了。而北京的房子，我不好打听房价，因为一提起这套房子，我就心痛，甚至提到北京，我也会心痛。最难受的是每次去北京出差，我都不敢正眼看一看北京，好像北京是被我这个有眼无珠的男人抛弃的一位初恋情人。有位朋友说，现在也有一千多万元了吧？一千多万元呵，我这辈子把骨头卖掉，恐怕也不值一个卫生间吧？

等葫芦娃长大了，他会不会更加心痛呢？

关于葫芦娃可以继承的第二套房子，是最不值钱的位于陕西丹凤县塔尔坪村的三间平房，祖先遗留下来一间，父亲先后续接了两间，除了合抱粗的大柱子，房梁上并没有雕刻龙凤，屋顶上也没有铺盖琉璃瓦。如今里边住着父亲一个人，每隔三年五年就得翻修一次，每逢下连阴雨还会漏水，山墙裂开了一条一指宽的缝隙，父亲用一根柱子顶了起来。每次回家，父亲都要提起盖房子的事情，说是他出两万块，我出五万块，就能盖起一层的青砖大瓦房了。但是这个计划遭到姐姐们的反对，说是盖这么个房子有何用呢？父亲一走，就空了，不就成了别人的了？房子前边，原来种了两棵桑树，因为不养蚕就死掉了。房子背后，原来有一棵梨树，因为山上大树都被砍光了，已经没有什么打棺材了，就被叔叔给砍掉做了棺材。如今叔叔已经去世，睡的就是这口梨树的棺材。

第三和第四套房子，在江苏南通市港闸区塘闸镇，属于小青的出生地。这里是个古镇，因大生纱厂的张謇而有名。丈母娘是上海知青，跑到南通与岳父结婚。岳父原在南通造纸厂工作，单位分给他们两间房子，在通扬运河岸边。房子有一百多年历史，是需要保护的古建筑。在这两间房子里，小青一直生活到高中毕业。我抽空去看了看，一间房子隔成了两层，是供亲戚朋友来住的，还有一间算是小青的闺房。房子的窗户外边，搭着一块木板桥，直接通到一大片屋顶，摆着很多花盆，种了许多青菜，还栽了一棵树，当时正在开花，白花散发着清淡的香味。

小青说，这是栀子花。从此我认识了栀子花，有点像白玉兰。

塘闸古镇近年开发，岳父家那栋房子，是古香古色的小楼，计划要建一个博物馆。搬迁时，小青一家回上海已经八年，两间房子空了八年，岳父也早就去世多年。在收拾东西那天，我从老房子里翻出一个大茶壶，彩绘有一幅松鹤图；一对青花瓷的棋罐，各绘了贺知章的《回乡偶书二首》。在他们上海的家里，有一对太师椅，有一只方桌子，有一个茶几子，有一个梳妆台，全都是红木的，重得像铁疙瘩，上边雕着栩栩如生的龙凤图，都是从南通搬运到上海的。

这就是大户人家，虽然经历了几度飘零，底子还在那儿摆着，你不信都由不得你。

南通两间房子搬迁，拿到了两套安置房，一套一百平方米，一套一百五十平方米，有一个跃式的阁楼。房子是期房，办手续时只有一块荒地，还没有房子的一点影子。在南通这样的小镇，住着的多是农民，更是顺民，并且十分讨厌平房，大多数人盼望着住楼房。镇上有位亲戚，家里住着一栋三层的大别墅，别墅后边是一条小河，前边是一块菜地，春天的时候金黄的油菜花把一条小路都给淹没了，关键是有一个大院子，可以养花花草草和小猫小狗。但是，他们看到我们要拆迁了，显得十分羡慕，总是念叨着问，什么时候轮到他们拆迁啊？

他们心里盼望的，是一旦拆迁了，就可以住楼房了，也就是住到空中去了。

在这里拆迁没有钉子户，也不会讨价还价，政府让什么时候搬，大家就什么时候搬。所以，我们拆迁的时候，每套房子只补偿几万块，大头必须自己掏腰包。说是动迁，与上海没有办法比，在上海动迁是发财的同义词。而这里，只给你一个买房子的资格。拆迁办的人说，这个不在限购范围，不然你就没有资格在南通买房子。

小青说，还是算了吧，这么贵的房子，与市价差不了多少，我们哪有这么多钱呢？

我说，这是你的根，没有一间房子在这里，你的根就断了。

我们咬着牙，签订了两份不平等条约。至葫芦娃出生，房子盖到什么程度，我们一概不知，也没有任何消息。所以，对葫芦娃来说还是虚幻的。

第五套房子，是岳父在世时为了回上海而购置的，几乎掏干了一生的心血。

他从住进新房子起就患病了。不得不说，他一辈子，开过船，跑过码头，当过造纸厂的采购，最终落下这么一套房子真是令人敬仰。虽然只有八十个平方米，却是真正的坐北朝南，每个房间都有一个窗户。所以，阳光充足，通风透气，养过蜡梅、吊兰和绿萝，长得都十分茂盛，成了小麻雀最好的零食；还种过丝瓜、朝天椒，都得到了大丰收，丝瓜吃了好几顿，朝天椒摘下来制成了一瓶子辣椒酱，夹馒头吃真是十分爽快。尤其是小区外边，有一个宽大的绿化带，里边不但树木参天，还有几个湖泊，湖泊里长着芦苇，常常能看到三只野鸭子，一只大的，两只小的，在芦苇中间游来游去。

这套房子属于嘉定区，我自己的房子在普陀区，但是属两区交界，仅仅隔着一条马路，叫祁连山南路，来回只要十多分钟。我买房子的时候，还不认识小青。两家安得如此之近，是万万没有想到的。大家都说这是缘分，也是我能与这么漂亮、贤惠的上海姑娘结婚的动力之一。

小青是独生子女，所以近在咫尺的这套房子，随着葫芦娃的出生便改朝换代了，成为我陈氏财产的一部分。

在衣食住行方面，食是有限度的，吃得太好会营养过剩，得高血压脂肪肝之类的疾病；穿也是有限度的，再好不过金项链银手镯，何况人们衣裳越穿越薄越少，用不了多少布料。只有房子好像是越大越好，住着更舒服，心情更开朗。

房子多了，不但可以出租，还可以换着住，山里住得腻了，换到海边去住，海边腻了就换到乡下去住。比如我吧，在农村时，想进城，进城了想房子，有了房子还想别墅。别墅现在是我最大的梦想。想要别墅，其实想有一个独立的大书房，可以站着写字，卧着看书，不受外人干扰；写字看书累了倦了，到院子里种种萝卜白菜西红柿，如果可以再养一头小马驹，清晨的时候骑着在马路上遛一遛，也算过上了田园生活。

大家的房子全是葫芦娃的，但是葫芦娃的房子应该也是我的。现在年龄大了，不管好坏大小，房子有了这么多，基本花去大半生的精力。我带小青到医院产检，去时要从陕西路的马勒别墅经过，回时要从东湖路的大公馆经过。那座漂亮的童话城堡和那栋富丽堂皇的公寓，如今全是喝酒吃饭的地方，出入的有谁还是当初的主人？

不由得不想一个问题：这些房子还在，但是大亨杜月笙与犹太人马勒的后人今何在呢？

我在塔尔坪的几间土房子，父辈们为了一点地界，为了一堵院墙，为了一棵桑树，争来争去，你的我的，你死我活的，再过几年就不明白是谁的了。传到葫芦娃头上，父亲在世的时候，顶多每年回去一次，住一晚的可能性都很小。父亲一旦离开了，我们还会回去吗？在南通的两套房子，不仅离得远，谁明白盖好后会是什么样子，我们还有钱买下来吗？上海的两套房子，小青说，其中一套必须拿出来，等我们老了病了，无依无靠了，得用来吃药打针。

如此算来，传给葫芦娃的，仅剩下一个安身之处——他未成年之前一家几口住着，他成家立业之后还能继承多久呢？这是商品房，合同写得明明白白，土地归国家所有，我们只有七十年的使用权，也就是说，葫芦娃不到七十岁，房子已经不是自己的了。

前几天，与一位姓叶的同事争论，是生儿子好还是生女儿好。我说，还是生儿子比较划算，因为你生个女儿，节衣缩食买来一套房子，要还大半辈子的贷款，但是很快就不再姓叶了。虽然是一句玩笑话，但仍然说得同事一阵悲怆。

随着斗转星移，房子会破旧之外，最终又是谁的呢？还会是我陈氏的遗产吗？

面对时间，什么都是一个未知数。

第八个故事

我们的生日

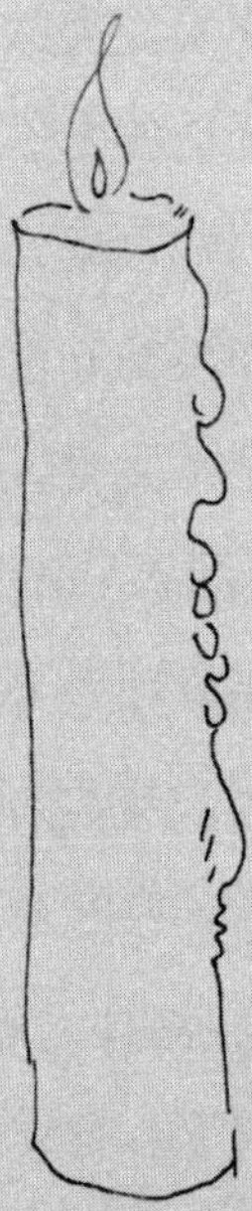

第八个故事

我们的生日

那一天不早不晚，恰恰是我要去山东高密的日子。山东高密是诺贝尔文学奖获得者莫言的故乡，他正在那里等着我们。而小青熬过了十月怀胎，上海从阴冷的冬天进入了多雨的夏天，再由夏天进入一片萧条的秋天的时候，葫芦娃同时也想和我们见面了。

我提前设计了一个见面方式，要待在产房里做“导乐”，见证葫芦娃一点点地降临。如果有可能，我真想像外国元首访问一样，在他必经的道路上全部铺上红地毯，并且奏乐，鸣放礼炮。奏乐就奏《葫芦娃之歌》，礼炮要鸣放二十一响。

原来的产房，男人是不得入内的，如今医院人性化了，提供了一项“导乐分娩”服务，在生孩子的过程中，让有生育经历的老护士或者医生，给产妇进行心理安慰，讲解生育知识，直播分娩过程，甚至喂饭、擦汗。请一名“导乐”，当时行情是三百块，如果花五百块，男人便可以随着“导乐”陪在产妇的身边了。

我想，待在产房里握着小青的手，亲眼看见葫芦娃先是一个光头，然后是一个光屁股，最后是两只光脚丫子，雄赳赳气昂昂地进入这个世界，而我则像他检阅的士兵，那应该是幸运而自豪的。其实出生，像元首访问一般隆重，更像太空旅行的返回舱，定会有一些眩晕和不适，我要站在他第一眼能看得到的地方，一伸手就可以抓得住的地方。我要穿着西装，打着领带，把头发剃光，把皮鞋擦得锃亮，神气地去迎接他。

我把结婚的时候添置的一套西装拿出来想再穿一次。小青问，穿西服打领带，不怕热吗？我说，举办婚礼的时候差不多也是这个季节，也是这个温度。小青问，那么我进产房的时候，是不是也可以穿上婚纱？

但是人生之中，除了上天之外，其余是自己设计不了的，生儿育女更是一样。好多事儿看似顺理成章，是可以一一推断的，也是可以设计的，比如根据生辰八字算命，根据人的面貌看相摸骨，遇到了灾难要向神灵祈福，但是结果往往充满了未知。

在葫芦娃出生的过程中，发生了很多神秘的无法左右的现象，我相信都是一个个预兆，只是不明白这些预兆会印证在什么时候、印证在什么地方罢了。

葫芦娃预产期是国庆节左右，我与小青开始考虑过剖腹产，最后还是放弃了，原因是不想有违天意。在哪天出生，在什么时辰出生，生在什么地方，是下雨还是刮风，这都是上天提前布置好的。而且我们希望这个小生命是瓜熟蒂落的，凡是瓜熟蒂落的东西都是健康的。我种过南瓜，如果提前摘下来，肯定水叽叽的，如果等到秋天，南瓜蔓枯了黄了，南瓜便会滚落在地。把这样的南瓜抱回家切开，瓜子是饱满的，是成熟的，是可以当种子的，而且蒸出来，不但是面的，还是甜的。瓜熟蒂落，其实就是顺应自然，都蕴含着命运的逻辑。

一旦剖腹产，一刀下去，其实是切断了他与上天的联系，不就辜负了上天的一番美意，或者是有意吐露出来的天机吗？

我出生在陕西省丹凤县塔尔坪村，那间屋子成了我们家生火做饭的厨房，降落的地方现在安着一口大锅。我每次回去，父亲都会烙我喜欢的锅盔，他一边翻着锅盔一边对我说，你就在这里出生的。我看着那口被烧得火红的铁锅，发现自己真像那个被翻来翻去的锅盔。有一次，我借机问了一下我的生辰八字——因为遇到迷茫的时候，经常有占卜的欲望。父亲想了半天，然后告诉我，应该是九月二十二日，应该天刚黑下来，应该是酉时。面对一个“应该”连着一个“应该”，父亲解释，那个年代家里没有日历，也没有钟表，整个村子也没有钟表。父亲说，应该不相上下吧。我说，不相上下是什么意思？说明我的生日是不准确的。

所以这辈子，遇到许多算命先生，有免费的，也有收费的，有瞎子，也有智者，有说我是土命，有说我是金命，有说我大富大贵，有说我一生穷困，我都是一笑了之。

我惟独相信的是看相，上天造人时，想造个尖嘴猴腮的小人，还是想造个耳大目慈的善人，提前是打过草稿设计过的。不管是麻衣相术，还是摸骨术，我均偷偷地试过，在同事身上试，在朋友身上试，在公众人物身上试。我看不出在某年某月，具体有何灾何难，但是能看出命运的大趋势，等个三年五年基本都应验了。

有一位朋友，我在心里给他看过相之后，等了不到三年时间，他果真就出事了，从一个处长被降为庶民；还有一位朋友，我感觉他的寿命不会太长，几年过后再打听这个朋友，说是早就得绝症去世了。听到这些消息我被吓了一跳。还有很多案例，与我看的基本八九不离十，我一直担心自己会不会突然就失明了呢？好在仅限于放在心里，从不泄露天机，上天罚我一个近视眼而已。

我不是剖腹产的，在那个年代全是顺产的。我有一个堂弟生在一个碾盘上，所以他叫石头；还有一个堂妹生在山路上，所以她叫小路。也有生在厕所里的，只能起个乳名叫狗子。那个年代没有医院，也不用人来接生，孩子一旦落在炕上，自己拿把剪刀，放在灯焰上烧一烧，算是消了个毒，然后咔嚓一下，把脐带剪断了事。大家还相信托梦，我母亲托了什么梦，没有人告诉过我。

葫芦娃临产那几天，家里一直很忙，也很累。小青说，倒是做过梦，不过每次眼睛一睁开，就把梦一干二净地忘记了。

对于葫芦娃的生日，我们希望上天最满意的一个安排，是九月二十二日。即使我的生日是不确定的，我还是特别希望葫芦娃生在这一天，起码我们两个的身份证号码比较接近。小青说，你又不记得自己生日，葫芦娃生在这一天有什么用呢？我说，起码可以与他一起过生日了。

正在这个时期，有一个同事添了新丁，他给我发来的喜讯是，八月二十八日早晨八点二十八分。八月二十八日，又是八点二十八分，按照中国人对数字的迷信，他孩子的生日是多么吉祥。接到他的喜讯后，我当时也心有所动，立即向小青汇报，九月二十二日恐怕不好。小青说，为何呀？我说，看看我的命，四处漂泊流浪，吃过草皮树根，简直太苦了。

我建议，在预产期左右，我们还有几个日期可以选择，一个是九月二十六日，有一个“六”预示着一生顺利；一个是九月二十八日，有一个“八”预示着一生不会太穷困；或者干脆拖到十月十八日，用上海话说，就是“又灵又发”。事后才明白，同事那个八月二十八日，是花了几千块钱，找了算命先生查出来的。查好了黄道吉日，再把老婆推进手术室，在肚皮上开了一刀。

我不明白，倒过来走路的做法是否有效。

如果这么一颠倒，就可以改变一个人的命运，那还是值得的吧？

可惜命运是不可支配的，如果命运就这么简单，那真是太好办了。岂不是不用办医院，不用盖寺庙，养一帮算命先生，世界不就没有任何苦难了吗?

家里准备妥当了五大件，只等葫芦娃一声令下。第一件，婴儿床是同事送的，上边配有蚊帐，四周设了床围，高低可以调节，不仅是全实木的，而且被用过一次，油漆味全部散尽了，剩下一股子树木的清香；第二件，婴儿手推车是朋友送的，他在江西有个几万亩的果园，全部种着上等的脐橙，已经是位千万富翁了，手推车是他富二代的儿子用过的，跟新的一样，能推，能躺，还有刹手，我们对比过，简直算得上是婴儿车里的劳斯莱斯；第三件，有一只大提篮，是交了三百块押金租借的，我起初不明白用它做什么，还以为是装婴儿用品的，后来才明白是专门提婴儿用的，仅仅从医院回家用过一次；第四件，包婴儿用的布单很特别，是用丈母娘的床单改造的，无需剪刀，轻轻一撕，就撕成了四块，这蓝色的床单是她结婚时做的，上边印着一朵朵荷花，经过几十年时光的打磨与搓洗，不仅已经褪色，而且十分柔软；第五件，在房间里重新安了窗帘，原来的窗帘有些薄，透光，因为婴儿不能经光，产妇也不能经光，光线太亮会伤害他们的眼睛，于是把丈母娘家的窗帘子全部卸下来，安在了我们这边。

丈母娘很心疼地说，还没有出生呢，就开始抢我东西了。

我则笑着说，包括你家的房子，终究不都是他的?

有一天吃完晚饭，小青把我与丈母娘叫到一起，拿出几张银行卡与一张纸，纸上写着许多数字，是银行卡的密码。小青说，葫芦娃快出生了，我得给你们交代一下。我说，交代什么？小青说，交代后事呀。我说，这是生孩子呢，又不是上战场。丈母娘抹了眼泪说，你们男人不清楚，生孩子比打仗还危险，我养了这个小囡一辈子，还没有真正进过医院呢。小青也哭了，对我说，万一医生让你决定，要大人还是要孩子，你明白怎么做吧?

我说，当然要大人了，只要兔子在，还怕没肉吃？小青说，错了，我们都一大把年纪了，怀个孩子多不容易啊，而且在冥冥之中，左右都是高门大户，他不嫌弃我们家，投胎到我们家，这多么了不起，所以首先要保孩子。我说，你就放心吧，不会有什么事儿的，上天把葫芦娃交给我们，一定会保佑我们的。小青说，万一有个三长两短，我还有一个要求，你明白是什么吧？我说，你有什么尽管说吧。小青说，我父亲不在了，我妈就我一个女儿，希望你能够好好对待她，不要因为没有我了，你们之间就散掉了，希望你把她赡养到老。

小青说着，把银行卡与那张写着密码的纸交到了我的手中。

九月二十四日，按照医院要求，是去做胎监的日子。那一天，似乎下了一点小雨，是时有时无的太阳雨，所以雨是金黄色的，像小金鱼一样游来游去。吃过午饭，我开着车，陪着小青去了医院，排了一个多小时，做完第一次胎监之后，数字显示十分不好。我不明白这之间的利害，但是小青通过十个月的怀孕，她已经成了这方面的专家。她说，靠着胎监，看子宫内是否缺氧，判断胎儿的安危，现在检查下来的情况，说明葫芦娃在肚子里不安全。

根据医生建议，两个小时后重做一次，大意是胎儿也会睡觉，一旦他在肚子里睡着了，胎心率与胎动次数肯定不达标。

在休息的时候，小青让我去买几瓶红牛。我说，红牛里有兴奋剂，还是喝橙汁吧。小青说，你别那么小气，不是给我喝的，是给你家葫芦娃喝的。我说，那更不能喝这个，他上瘾了怎么办？小青说，喝红牛，又不是吸毒，你就养不起了？

小青指了指等候在一边的孕妇们，说喝了红牛，葫芦娃一兴奋，数据就正常了。我放眼望去，很多孕妇在喝红牛，有的在喝可乐。小青喝了两瓶红牛，一边在楼道走动，一边摸着肚皮，说葫芦娃呀，你个贪睡的家伙，快点醒来玩会儿吧。但是胎监的结果更差了。天很快就黑了，医生换班了，根据新医生的建议，为了胎儿的安全，先在医院住下来，一是方便继续监测，二是有什么情况也好紧急应对。

我们在毫无准备的情况下住进了医院。那天晚上，小青全是在胎监室里度过的。她被绑在一把椅子上，旁边连着一台打印机，像一只怪物不停地吐着曲线。产房正好在胎监室对面，门口的人在焦急地张望着。有的等候了三个小时，有的等候了十个小时，有的已经等候了二十个小时。一个夜晚，一个属于睡觉的时间，但是每个人无论等候多久，脸上都没有一点倦意，反而眼睛里闪着激动的光。

在人生的任何时候，没有什么比迎接生命的到来更让人期待。

楼道没有为等待的人们设置座椅，也许等待本身的姿态就是站着的。只有站着才有利于张望，才有利于缓解紧张，才能在第一时间冲上前，给生命一个迫切的拥抱。

到后半夜的时候，胎监室已经空无一人，医生同情地让我坐到了胎监室内。当我看着那只怪物吐出一根根线条，意识到这不是绘画的曲线，是一个小生命的生存状态，是我们家葫芦娃在说话。他在以另一种方式，和我做着静静的交谈。我的心，随着打印机左右摇摆着，我明白上边每一条曲线的意义，代表的是胎儿的心跳和生命力。于是我紧紧盯着打印机，像盯着葫芦娃的嘴巴，期待那吱吱啦啦的诉说，弧度再大一点，弯曲再多一点。

我默默地在心底说：加油！加油啊葫芦娃。

九月二十五日这一天，我已经不清楚还有没有下雨，还有没有太阳，阳光是否把小雨镀成了金黄色的，像一条条小金鱼一般在空气中游动。

九月二十五日这一天，我不在乎全世界，只在乎那一条曲线。

医生对整个晚上的数据进行分析之后，建议尽快进行剖腹产手术。上天造人的时候，原本只给了一个通道，那就是母亲伟大的阴道，那就是生命的出口——这个世界的入口。但是随着科技的发展，我们用一把刀子改变了惟一的通道，在母亲的腹部切开一条口子，成为生命来到这个世界的另一条路线。

顺产与剖腹产，如果说有差别的话，一个是从器官里出来的，一个是从伤口里出来的。从器官里出来的，会是自然而自由的，从伤口里出来的，只能是疼痛而无奈的。这好比一间房子，原来是安了一扇门的，让他从门里出去是天经地义的，而如今从墙上开了一个窗子，把他从窗子里揪了出来，这种情形似乎发生在偷盗者身上，或者是侠肝义胆者的身上。

我和小青进行了商议，决定还是听从医生的，接受剖腹产手术，而且手术定在了当天下午两点。

我们的预想落空了，我们的葫芦娃没有能够从门里走出来，而要从一个窗子里被揪出来。他的生日不是二十二日，不是二十六日，不是二十八日，不是子时，不是丑时，不是寅时，而是未时。

公元二〇一三年九月二十五日，农历八月二十一，癸巳年，辛酉月，甲午日，属蛇，长流水命。忌：开仓、出货、伐木、纳畜、开市、上梁、造屋、破土、启攒、栽种；宜：嫁娶、祭祀、理发、进人口、作灶、移柩、冠笄、会亲友。

这么个被迫的日子，竟然成了“进人口”与“会亲友”的黄道吉日。

恰恰就是这一天的这个时间，我预订了一张从上海飞往青岛的机票。我在一个月前就接到了通知，我的诗集《艾的门》获得了第三届中国红高粱诗歌奖，这个奖是由诺贝尔文学奖获得者莫言的家乡设立的，颁奖典礼就在九月二十六日早晨。工作人员说，在电视剧《红高粱》

开机仪式上，将有一万元奖金会直接放在我的手中。

何为天？天应该由芸芸众生组成。

何为意？就是一种顺其自然的愿望。

这种被迫无奈的选择，这种双喜临门的巧合，不就是天意吗？

靠着我们自己的力量无法改变的事儿，其实就是一种天意。

小青是八月底的生日，我和葫芦娃是九月的生日，丈母娘是十月中旬的生日。小青说，以后我们家在夏天的时候，每个月都有好几个生日了。我表态说，从现在起我要改生日了，改在九月二十五日，起码要与葫芦娃一起吃蛋糕、吹蜡烛。小青说，那么以后我的生日也要推迟。我说，推到哪一天？相差一个月呢。小青说，自然要和葫芦娃同一天。

其实靠着我们自己的力量可以改变的就是一种爱。我们把自己的生日，统一改到九月二十五日来庆祝，就是为人父为人母对孩子的一种迁就。人一旦来到这个世上，仔细想想生日与其他任何一天，都是没有什么差别的。天天都是生日，天天又都是忌日，又何必那么斤斤计较呢？

怀上葫芦娃的那天，我要去鲁迅的故乡绍兴；葫芦娃出生的这天，不左不右遇上了我要去莫言的故乡山东高密。去绍兴领奖晚到了半天，错过了欢迎晚宴；去山东高密领奖又放弃了一场晚会。我在心里盘算，是葫芦娃给我带来的幸运，还是他的命与我的命相克了呢？不管多么曲折，我得到了应该得到的，至于一顿晚宴与一场晚会，不过是浮华与云烟而已，放弃了又何妨呢？

一个生命的诞生才真正称得上是盛宴与狂欢。

第九个故事

第一次离别

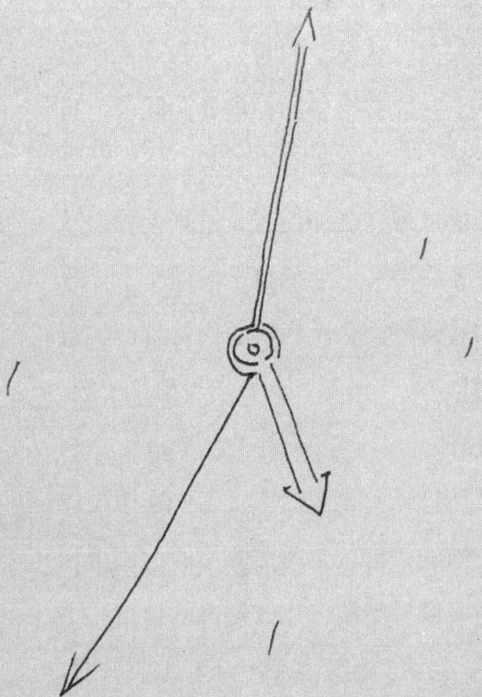

第九个故事

第一次离别

机票是九月二十五日下午四点。

小青劝我说，你还是乘飞机去高密吧。

正是葫芦娃降生之时，我怎么可以离开呢？我没有再关注航班的信息，而是预备各样东西，迎接葫芦娃来这个世界。先是办理入院手续，预约手术时间。办理入院手续的时候，一会儿要挂号，一会儿要交钱，一会儿要去准备一些药品。碰到每一个人，我都十分开心，主动和人家说，孩子要出生了，人家都会笑一笑。在交款的时候，我对着前边排得长长的队伍说：孩子要出生了。前边有个少妇，挺着大肚子，脸上洋溢着即将做母亲的幸福，说恭喜啊，你要做爷爷了吗？

放在以往，我会十分生气的。但是现在，即使有人过来无缘无故地扇我一巴掌，我也不会计较的。看在即将出生的孩子的面子上，我要原谅所有人，原谅世界上的一切过错与误会。我笑着回答她，你误会了，我要当爸爸了，我四十多岁了，功夫不错吧？少妇尴尬地笑了笑，以为我要插队，主动把我让在了前边。

以往经常去医院检查身体与抓药打针，也因为感冒发烧在医院住过几次，觉得医院这地方是十分恐怖的，到处都暗藏着不散的阴魂和无孔不入的细菌。所以在医院里的时候，不敢去比较僻静的角落，不敢接触医院的任何东西。按电梯时，会用其他东西戳一下；上厕所时，会拿餐巾纸垫着水龙头。也难怪，除了医生护士与工作人员之外，不是有病的人，就是病人的家属，大家多多少少也是带着病态的。

恐怕没有人无端地跑到医院来玩耍。所以，到处都是呼救声，到处都是呻吟声，到处都是阴暗的情绪。即使是那些病愈出院的人，也都带着被药物疯狂浸泡之后的萎靡气息。还有一些人，自从踏进医院那天起，再没有机会离开了，从这里直接走向另一个世界。其实，大多数人走向另一个世界的出口，不是殡仪馆，也不是火葬场，而就是医院，他们的灵魂是在医院里与肉体进行剥离的。

没有生过孩子的人，或者没有来过产科医院的人，是万万没有另一种体会的。在这个世界上，有一个阴森恐怖的地方，肯定对应就有一个明亮的地方；有一个悲剧，肯定对应就有一个喜剧。并不是所有医院，都是那么恐怖的，都是悲剧色彩的，比如我所处的产科医院，在这里出没的人，她们的呻吟多数是快乐的呻吟，她们的尖叫多数是喜悦的尖叫，甚至从伤口里流出来的血也是幸福的血——说明有一个新生命孕育了出来。

办完了手续，我急急地回了一趟家，拿一些生孩子的东西。在整个回家的路上，我不撞红灯，不按喇叭，不超车。我不停地礼让三分，遇到了一个乞讨的妇女，主动招招手给她投去了五块钱。在我们家楼下，我倒车离开的时候，不小心撞上了一辆面包车，如果是以往我会毫不犹豫地离开，因为我也多次被人撞过，都没有找到肇事的人。

我真不明白为什么会撞在一辆车上，也不想追究这辆车是怎么横在路中央的，反正在这个时候，所有的错都是我的错，我都要一一承担下来。我主动跑到了大门口的保卫处，告诉保安们，我把人家的车撞坏了，这完全是我的责任，我现在要去医院，我的孩子马上要出生了。我留下了一张条子，条子上是我的电话号码与一声“对不起”。

我没有把撞车的事儿告诉小青，也没有告诉丈母娘，我觉得这些都无关痛痒。我怕她们听到这个消息，会影响了她们美好的心情，甚至会以为这是一个不祥的预兆。

我感到这个世界如此美好，我对这个世界十分满意。原来这就是所谓的吉祥，这就是所谓的黄道吉日。原来幸福是一种感觉，吉祥同样也是一种感觉，是可以自己去营造的，就如听到喜鹊鸣叫的时候，我们认为它是一种喜讯一样。

终于接到通知，手术定在了下午两点，为我们做手术的，是一个姓刘的女医生。我开始四处打听刘医生的下落，找到了门诊部，又找到了住院部。有人说她在开会，有人说她去了另一个分院，有人说她正在手术室里。我包好了两个红包，每个红包里塞进了一千块钱。社会上流传了很多信息，要给主刀医生与麻醉师包红包。我还打了一个电话，问那个刚刚生了儿子的同事，他吐露说，这个当然需要呀，医生刀子稍微给你偏一偏，麻醉师稍微给你多注射一点，那还了得啊，即使人家没有那么缺德，但是我们送个红包可以图个心安。

我认为他说得有些道理，于是一直守在住院部的楼下。每进去一个穿着白大褂的医生，我都会拦住人家，问是不是刘医生。直到下午两点多的时候，我终于见到了刘医生，她是我见到的医生当中最美的——其实她穿着宽松的白大褂，根本看不清身材，除了喜气洋洋的笑脸，根本看不到别的，但是我仍然以为她是天下最漂亮的医生。

我匆匆地冲了上去，吞吞吐吐地对她说，刘医生，是你给我爱人做手术，我找你想说点事儿。刘医生说，不是已经约好了两点吗？还在犹豫是顺产还是剖腹产吗？我看了你们的胎监报告，还是尽快手术吧。我说，不是这个，是我下午还要出差，能不能麻烦你照顾一下。

我环顾了一下四周，并没有其他人在场，便像个小偷似的，从裤子口袋里掏出了那个提前预备的红包。刘医生视而不见，低垂着眼帘，喜气洋洋地跨入了电梯，算是把我给拒绝了。

在小青进入手术室之前与之后，我都试图找到刘医生，表示一下自己的心意，但是再也没有遇到她了。不明白她是什么时候从手术室里出来的，据护士们告诉我，那天她一连要做七个人的手术，也就是说她要用自己喜气洋洋的笑脸，把七个孩子安全地带到这个世界上来。

小青是下午一点半前进入手术室的，既然自己不能像顺产那样随着“导乐”陪着小青，是否可以亲自把她扶进手术室呢？问下来的结果是让我失望的。

一点多钟，有一个彪形大汉突然推着一张床，来到了我们的病房里，把小青给带走了。我问，我能做点什么吗？他说，你去外边买一条止痛带吧，如果你们要带走胎盘的话，还要在小卖部里买两个专用的塑料袋。我不明白这个止痛带是干什么的，还是挑了一个最贵的最好的带了回来。

当我回来的时候，小青已经不见了。丈母娘说，已经进去了。我着急地敲着手术室的门，但是一直没有人应声，门一直紧紧地关着。有两个产妇又陆续被推了进去，我借机从门缝中向里边钻，护士训斥我说，这是手术室，你以为是菜市场？我说，我老婆在里边，马上要手术了，我要送止痛带进去。

我希望自己能够混进手术室，我甚至后悔没有借一套白大褂假装成医生，如果这样的话也许就可以陪在旁边了。

护士收下了止痛带，扔在一张桌子上，又把手术室给关上了。

手术室外是一个长长的走廊，走廊里拥满了守候的人，有的席地而坐，有的靠在雪白的墙上，还有人在吃着泡面。不管是站着还是坐着，眼睛都是死死地盯着门缝。而手术室十分安静，似乎根本没有什么手术。我们守着的就是一个出口，类似于有一名宇航员在太空行走，其他人都在地球上做着无谓的苦苦的张望。

大家你一句我一句地聊着。有人担心地说，都进去三小时了，怎么还不出来啊？有人就安慰说，这个主刀医生是个专家，从没有失败过，都放心吧。旁边的大妈问我，刚进去的，是你闺女还是你儿媳妇？我笑着说，你看呢？大妈说，像你，长得像你，应该是你闺女吧？我说，可能是我闺女她妈。大妈想了半天，没有想出个所以然。还是旁边的大爷机灵，问我，你有五十了吧？看来是老来得子了。我点了点头。大爷说，恭喜啊，你们查过没有，是儿子还是女儿？我说，查过了，应该是个儿子。

丈母娘在一边直抹眼泪，她说，我这小囡呀，打针都要命，如今却挨一刀子，她哪里受得了啊，哪里受得了啊。

时间是有长短的，有时候一秒钟是一分钟，有时候一分钟是一秒钟。时间就像一根橡皮，人在受难的时候，会被无限地拉长，人在喜悦的时候一松弛，就会被缩短。

我站在走廊里，想象着一把刀子，在小青的腹部划过，像拉开一条拉链一般，同样会发出嗞啦一声，随即腹部会裂开一个口子。只有这个口子足够长，足够宽，足够深，才会成为一条路。

而这条路，其实就是一个伤口。

任何一个伤口都会流血，即使是不小心划伤的，都会流出红色的血液。我相信小青的伤口，此时正在流血，红色血液漫过她的腹部，漫过她的腰部，染红了她雪白的皮肤。有一只大手，伸进这个伤口，穿过皮肤，穿过肌肉，与五脏六腑擦边而过。在一片温热中摸索着，抓住了一只小手，或者抓住了一条大腿，然后把一个小生命给拽了出来。

这一幕像什么呢？像在河里摸鱼吗？像在池塘里采莲藕吗？像在

抢救一名溺水儿童吗？还是像宇航员在太空中漫无边际地走着，最后终于抓住了另一个星球？

这个小生命从时光的泥淖中冒出个头，扭扭脖子，伸伸懒腰，肯定也有血液，一点点滴下来。他肯定会发现天地不一样了，不再那么踏实和狭小了，于是开始放声大哭——这是他带来的秘密武器之一。他的哭，或许是对世界的控诉，或许是对世界的赞叹。

走廊里的光线是暗淡的，不明白经过了多久，一扇门被推开了，一张床终于被推了出来。

有个人虚弱地躺在床上，身上盖着一条白色床单，由于全都是白色的，很容易忽略人的存在。我一时认不清她到底是不是我的小青。当那张床从我身边推过的时候，床上的那个人用游丝一般的有些悲怆的声音对我说，儿子，我给你生了个儿子！我给你生了个儿子！七斤二两的儿子。

我从来没有听到过如此感人肺腑的表白。听到这句话的那一刻，我感到整个世界一阵颤抖，忽然长出一棵参天大树。有树的世界不再空洞，不再单调而苍茫，不再停留于洪荒时代，人类开始有了花红柳绿的四季，有了仁义礼智信这样的知觉。

我哭了，泪流满面地哭了。那一刻，我告诫自己，无论如何，此生也不能伤害她，要好好地疼爱她，因为她是最伟大的——人类的母亲。

此后多年，我一直在想，如果能把一个女人生育的过程，拍录下来制作成纪录片，不停地放给女人自己看，放给孩子自己看，关键是要放给男人看。这应该是最有效的最生动的教育课。我相信看到这种场景的男人，灵魂与肉体都会深受洗礼和净化，教他们不要误入歧途，不要忘恩负义。

我们没有拍下纪录片是遗憾的，但是每当看到小青肚子上那一道五寸左右的伤疤时，我的心就会感受到她当年遭受的疼痛。

跟随着小青，一位护士抱着一个婴儿，悄无声息地从我身边走过。我在楼梯上拦住了护士，说让我看看他吧，他是的我儿子。护士稍微停顿了一下，让我看了一眼。

红彤彤的脸，稀薄的头发，松弛的皮肤，既像个老头，又像一只猴子。原来，一个人的老是天生的，随着慢慢地成长，我们用时光抹去了皱纹，再用时光恢复了皱纹，重现了当初的老。这才是真正意义上的轮回吧？

我没有看出这个生命有什么特别，有什么不一样的标记。一旦把他放在一群孩子之中，我恐怕再也认不出他了。他给我的第一印象，确实像小青曾经比喻的样子——一只巨大的正在做梦的虫子，或者是一块刚刚割下来的肉，七斤二两的心头肉。

我不敢要求抱他，我明白他刚刚到来，还十分脆弱和纯洁，还经受不住我的拥抱。因为我的拥抱是不得要领的，是慌张的，是粗糙的，甚至是肮脏的。

他现在只适合躺在一个天使的襁褓中。

我犹豫了一分钟，还是匆匆地离开了他。虽然我不想离开他，不想离开他半步。我要寸步不离地守着他，像一个奴仆对待他的主人，像一个保镖对待他的元首，像一个影子对待他的身体。但是我还是离开了他，我要去照看另一个人。我不能因为有了他而抛下了她。

不到两分钟，当我返回手术室外的走廊，已经看不到我的小青了。我很慌张，不明白为什么，这么一点点时间，让我陪着他就错过了她。

仍在守望的人们告诉我，她已经上了电梯。我不明白一个产妇生完孩子，还需要不需要检查或者打针。我顺着台阶追下去，从二楼追到一楼，从一楼追到院子，从院子返回病房。小青已经躺在了床上，麻药还没有过去，还处于麻醉之中，所以她感受不到她的疼痛。

她说，看到你儿子了吗？

我说，看到了。

小青说，他在哪里？

我说，不知道啊。

小青说，那你再去看看他吧。

我说，我要陪着你。小青说，有妈妈在呢，你赶紧去找找小家伙吧。我不舍地离开了病房，向护士打听着孩子的下落。初生的孩子都被抱到另一座楼上的育婴室去了。我终于找到了育婴室，门上贴着一张告示——不允许任何人入内。但是我还是敲了门，敲了很久的门，门被打开了。

我对护士说，刚抱上来一个孩子，我是他的父亲，我想看上一眼。护士说，在给孩子洗澡，洗完澡就会还给你们。我说，我马上要出差去了，在去机场前求你让我看上一眼吧。我说着，自己已经哭了，不明白为什么要哭。护士看到我哭了，莫名其妙地问，多少号？我说，刚刚出生的那个，还不知道多少号。护士折回身查了一下，然后对我说，已经洗好了，给你们送下去了。

我又错过了。

等我回到病房的时候，儿子果然好好地躺在了他的小床上。我不明白为什么一次次错过，一次次错过又会预示着什么呢？里边有什么天机存在吗？是不是所有人都会错过呢？如果我一直守着小青，或者是一直守着儿子，是不是就不会错过其中一个呢？不错过其中一个是否意味着就会错过另外一个呢？这可是我一生中最最重要的最最需要珍视的两个人。

儿子入睡后，我静静地坐在小青身边，心疼地问着手术的事儿。我实在不明白这么大个婴儿，是如何从一个伤口里掏出来的。小青的描述是这样的，进去之后，先打麻醉，打完麻醉之后，什么知觉都没有了，当刀子从自己腹部划过，除了有丝绸被撕裂的声响，其他什么也没有了，没有感觉到一点冰凉——按说刀子经过的时候是冰凉的。小青说，大约过了几十分钟，医生平平淡淡地问，知道是男还是女吗？小青回答说，是个儿子。医生于是笑了笑，捧着一个赤条条的婴儿，送到小青的面前说，你亲一口他吧。

小青描述这一切的时候，是十分缓慢而平淡的，似乎在回忆又似乎无法确定。或许平淡就是麻醉的状态。我没有问她，是怎么亲吻儿子的，亲吻了额头还是亲吻了小手？当她的嘴唇接触到他的皮肤之时，有没有闻到一丝血腥味？会不会也是麻木的呢？

有一点是可以肯定的，麻醉的只能是肉体，永远无法麻醉一个人的精神，永远无法麻醉一个人的灵魂。小青说，那一刻，她泪流满面，不明白为什么会泪流满面。

新生儿出生后，靠自己体内储存的营养，一段时间是不需要喝奶的。我给小青带了一些外买，又租了一只躺椅，一切安排妥当后，在小青的催促下，我便启程了。我要乘坐前往青岛的航班，再转车赶到高密去。在那里，有一场盛典正在等着我。

当我赶到机场，已过航班起飞时间，但是由于天气状况不佳，受大风与雷暴的影响，那趟航班仍然没有起飞，不仅不需要改签，还领到了两百块钱的补偿。

我在机场等待的时候并不着急，因为航班会不会起飞，对我来说都是同等重要的。航班起飞的话，我会顺利地参加颁奖，如果航班不能起飞，我就留下来，回到医院陪我刚刚出生的儿子。无论是什么结果，对我来说，都是幸福的。

我坐在机场里，开始编发儿子出生的喜讯。我是以儿子的口气说话的，大意是，叔叔阿姨爷爷奶奶，我乳名葫芦娃，大名陈不旧，于九月二十五日下午两点向你们正式报到来了。

我群发了这条短信，无论朋友还是同事，无论有仇的还是有恩的，统统都发了一遍。我相信有葫芦娃的加入，会给我带来好运的。从他怀胎腹中之时，我就一直好运当头，万事十分顺心。我把这个功劳统统都记在他的名下。

让我意外的是，没有任何人回复我的短信。于是我开始打电话咨询，接到电话后他们说根本没有收到我的短信。

这事非同小可。说小吧，芝麻大一个事儿；说大吧，关乎是否吉利的问题。于是我拨打了中国移动，咨询的结果让我目瞪口呆，他们把我群发的短信当成垃圾给拦截了！他们口口声声表示，我的短信是推销喜蛋的，或者是推销婴儿用品的。

我坐在贵宾室里，一边喝着免费的果汁，一边想着儿子有趣的样子，开始一条一条地给亲朋好友们发送喜讯。为了减少麻烦，关系一般的、联系较少的、公事公办的，甚至有点摩擦的，全被我给过滤掉了。经过中国移动一折腾，把恩恩怨怨小小地整理一次，让舒服的人就继续舒服着，让冷漠的人接着冷漠下去又如何呢？

到晚上十点的时候，飞机终于起飞了。当我打着出租赶到高密的时候，已经是九月二十六日的早晨了。在走下领奖台的时候，我看到了莫言，他坐在第一排。他用孔子一般的面目，冲着我点了点头，似乎是鼓励，似乎是祝福，似乎在向我道喜。

按说下午还有一个关于莫言的研讨会，晚上还有一个大型的颁奖晚会，但是我接到了小青的电话，她一边哭一边对我说，你赶紧回来吧。

我说，出什么事儿了吗？小青说，反正你赶紧回来吧。我已经无暇顾及其他，匆匆地吃了点东西，直接打了出租，踏上返回上海的行程。

当我回到上海的时候，夜色已经深沉，儿子仍然静静地躺着，他的眼睛还没有睁开，还不知道他的父亲离开过，如今又回到了他的身边。

小青说，你看看孩子吧，身上都出疹子了。小青急急地把我催回来，原来是孩子出疹子了。他满身都是红红的大片大片的疹子。我不知道它的严重性，但是小青告诉我说，严重的话会引起哮喘，哮喘发作的话会造成窒息，邓丽君就是因为哮喘而丧命的。

我的儿子，刚刚出生的儿子，为什么会这样呢？难道是我们太疼爱他，给他盖得太厚了吗？还是因为我的脚气和其他疾病，已经传染给了一个初生的生命？

我总以为什么都是我这个不干净的父亲引起的，这让我陷入了深深的自责。

我隐隐地预感到，随着生命旅程的启动，有一场磨难同时铺开。

或者说，磨难是构建生命的元素，生命本身就是一场磨难。

第十个故事

月子房的秘密

第十个故事

月子房的秘密

月子房是个什么样子?

准确点说是个病房，但是我不喜欢病房这个词。因为生孩子根本不是病态的，反而是天大的喜悦。原以为人生的第一站，天使落脚的地方，像春天的一个小花圃，小苗苗们从泥土中露出个头，惊疑不定地摇晃着。四处都是为他们敞开的胸怀，四处都是他们吮吸的小嘴巴，生机盎然、温情而静谧。可事实不是的，倒像个鸡飞狗跳的农贸市场。

我们住的产科医院没有一栋像样的高楼，几栋不规则的石库门老房子都是破衣烂衫的，上边挂满了蜘蛛网，有时候也挂着胸罩、内裤和鞋子。房子上没有宽大的窗户，也没有蓝色玻璃。楼梯十分狭窄，倾斜度很大，爬起来是十分吃力的。医院甚至没有宽大一点的院子，中间仅有一条狭长的弄堂。弄堂里没有花圃，也没有大树，有一条亭子似的通道，弯弯曲曲地拐来拐去，连接着两排旧房子。在里边走路稍不留神，立即就迷路了。两排房子均被隔得奇形怪状，一个小小的拐角、一个不起眼的天台，都会支起一个棚子，被彻底利用起来了，变成了化验室、门诊室、取药房、挂号处，还有的变成了住院部。就连走廊也被隔出来变成了一间间月子房。医院大门也不起眼，恐怕根本不需要设立大门，几个出入口仅仅只有一道铁栅栏。感觉还不如隔壁一家饭馆，害得好多人跑错了地方，以为生孩子就如吃饭喝酒。无论从外边看，还是猛然走进去，既像一个棚户区，又像灾区里临时搭建的医疗点，更像战场上的移动救护所，住着水深火热的小市民、灾民和伤员。

但是人家在上海名气非常大，在行业里排名第一。当初，我也不明白这个第一凭什么？后来看到人流量，才明白第一不是白当的。在这个破烂的弄堂里，有十几个挂号窗口，从早到晚全部排满了长龙。有人为了挂号，早晨从中午开始，搬着小凳子守着了。五个收费窗口里边，全在哗哗啦啦地数钱，恐怕验钞机已经发烧了，经常会烫到工作人员的手。七八个化验窗口，时刻不停地在抽血，顺着一根根橡皮管，红色的血液像蚯蚓一样，源源不断地从身体里爬出来，爬进一大堆瓶瓶罐罐，摆满了整整一个大房间。更加恐怖的是做B超，至少要排五个小时。总之，人多到什么程度呢？比菜市场里的人多，比超市里的人多，比饭馆里的人多，比商场里的人多，甚至可以这样说，比火车站里的人还要多。其实这里就是一个火车站，每个孩子都在这里周转，搭乘生命之车前往另一个地方。在火车站，来的人，走的是来的路；去的人，走的是去的路。通道是顺着的。但是在这里，有接站的，有陪行的，有送别的，每个人的目标都不一样，行程都不一样，车次也不一样，混在一起就是一锅粥。

虽然比火车站拥挤，又不像火车站吵闹，也没有多少摩擦，至少没有小偷，没有逃犯，没有陷阱。大家开开心心地走路，安安静静地行事，善良地待人。而且大部分人觉得，在火车站候车那是浪费时间，是彻头彻尾的折磨，在这里却是一种享受，如情人来临前的等待。

入住月子房之后，我们被惊得目瞪口呆。

小青说，你确定这里不是农贸市场？

我说，当然不是，而是一个光明正大的屠宰场。

这个供生命在人间周转的火车站，比起真正的火车站差一百里，比起超市差一千里，比起小饭馆差一万里，确实连那些农贸市场都不如。农贸市场起码还会通风，起码不会杀猪宰羊——恕我不敬，其实这里就是一个屠宰场。我终于明白，月子房的反义词就是屠宰场，月子房的同义词也是屠宰场。虽然它们一个为了生，一个为了死，但是，它们的用途与过程是一样的，我们看到的生与死那只是结果，与这个空间是毫不相干的。

我们的那间月子房是利用走廊隔出来的。它位于二楼的尽头，不到三十平方米，摆着八张月子床，一张连着一张，仅仅用帘子隔着。有个小小的窗户，还开在厕所里边。要想打开窗户透风，就得把厕所打开，屎尿味会夹带在风中，气势汹汹地灌进来。

正是火热的夏天，室外已有三十多度，里边没有空调，也没有电扇。丈母娘说，不用空调电扇，是为了保护产妇。产妇为了生孩子，已经耗尽了气血，都是最为虚弱的，不能受凉，也不能经热。受凉会落下一身的毛病，太热以后喝口热水都会牙痛，而且这些疾病是一生的。

我想起自己读到过的一篇文章，说考古专家从地下挖出一堆骨头，立即就能辨别男女。如果是女人，还能判断这个女人，有没有生育过孩子。如果她还没有生育过，那么她的骨头是黄色的，而且密度很高；如果她已经身为人母，那么她的骨头就会是苍白的，而且十分脆弱。因为经过十月怀胎，孩子已经抽干了母亲身体里的精华。

按照原来的设想，我在月子房里，哄哄葫芦娃，陪陪小青，中间还可以写点诗，生活应该是浪漫而温馨的。前几个小时，初生儿要通胎便，是不用吃奶的，我给他喂喂白开水，给他换几回尿布；在他醒着的时候，把他抱在怀里，给他哼哼歌，当他睡着了，静静地看着他，欣赏他的眉毛，欣赏他的嘴巴，欣赏他的小手。小青刚刚做手术，麻醉很快就会失效，疼痛会重新回到她的身上，我可以给她熬碗粥，给她削一个水果，在微波炉里转一圈，一口一口地喂给她；还要扶着她去上厕所，盯着她及时吃药和喝水；在她睡着后，悄悄地躺在她身边，给她掖掖被子，帮她翻个身，甚至给她按摩一下手脚。在丈母娘照看他们的时候，我可以悄悄地溜出去，逛逛北边的马勒别墅，逛逛南面的淮海路，顺手给小青买一杯果汁，给孩子买一个气球。

如果有灵感——我相信，这时候应该文思泉涌，就找一家麦当劳坐下来，写诗，甚至是写小说。万一没有灵感——人在幸福而快乐的时候，灵感这个小东西很容易溜走，我就坐在马路边的梧桐树下读书，我已经预备好了马尔克斯的《霍乱时期的爱情》和海子的《面朝大海，春暖花开》。

但是，现实的一切毫无浪漫可言，都是之前的美好想象罢了，在提醒我也在提醒葫芦娃，人生本来就是一场煎熬，我们得学会忍耐和坚守。在月子房里，也可以说在屠宰场里，别说什么浪漫，别说什么温馨，连基本的生存都难以保证——无论是产妇还是陪护人员，不管几天几夜都是没有办法睡觉的。

首先是没有床。一张三尺宽的钢丝床，小青一个人都有些勉强。于是大家以每天三十块的价格，从外边租来一张折叠床。折叠床是帆布的，半仰半卧的形式，人睡在上边，半条腿悬空，不能翻身，稍微动一动就会吱咛吱咛地响。其次是没有空间。在难以招架的时候，我把尿盆子屎罐子推了推，又请人家让了让，好不容易支好折叠床，头却直接顶着厕所，半夜三更总有人从头上跨过去。我在月子房第一个晚上，就是葫芦娃出生后的第二个晚上，有个小伙子把尿盆子一下子扣在我身上。大家都是初为人父，也不能失了和气，只好笑着安慰别人说，这是好兆头，说明我要发财了。三是吵闹声。除了磨牙声、呼噜声、产妇的尖叫声，主要是婴儿的啼哭声，一个接着一个，一片连着一片，似乎啼哭是他们最重要的生活。

大多数婴儿哭起来基本是一个腔调，有几次听到哭声，我以为是葫芦娃，赶紧摸过去一辨认，纯属是一场误会。婴儿的哭也比不得大人。大人是有情绪的，要么为疼痛哭，要么为悲伤哭，还会为喜悦哭。我们竖耳一听，立马明白他到底为什么哭，可以上前安慰几句，也可以倒杯水让他吃上几粒药片子，把疼痛或者悲伤化解掉了。但是我们根本不明白婴儿到底为什么哭。

我们几天几夜没有合眼。护士听到抱怨，说这能怪谁呢？这些孩子为什么睡得这么香？我四周环顾一下，不仅每个孩子睡得香，还有两位阿姨也睡得很香，几乎一觉可以睡到天亮。孩子睡得香不稀奇，恐怕他们还没有听力，或者根本不明白什么是吵闹；两位阿姨又是为何呢？仔细一打听，她们既不是孩子的外婆，也不是孩子的奶奶，更不是什么亲戚。她们的身份是保姆，保姆是她们的职业。孩子与保姆其实一样，他们之所以适应了这样的环境，惟一的态度就是不在乎，惟一的方法就是忽视。

而我们，刚刚新晋的父亲母亲，让我们如何不在乎？让我们如何忽视呢？每次葫芦娃哭起来的时候，我一会儿觉得他受凉了，一会儿觉得他太热了，其实冷冷热热，我是根本猜不透的。比起在小青肚子里肯定是无常多了。小青的肚子是恒温的，世界无论多冷多热，她都会为他调节成恒温的。

我很无奈，根本调节不了这个世界。我一会儿觉得他会不会哪儿不舒服，一会儿觉得从娘胎里出来经历的就是刀光剑影，会不会把他给吓坏了，让他总以为这个世界是不安全的。如果他哪儿不舒服，我只能用毛巾，把他从头至尾包裹一遍；我只能给他喝白开水，喝了水还是不起作用的话，就四处缠着值班的护士。

护士都是爱理不理的，她们习惯了在哭声中泡着，把哭声根本不当哭声。有一次，我忽然发现葫芦娃哭的时候，小手抓着婴儿床的栏杆。他用这个小小的体态语言，似乎在告诉我他不踏实。在小青肚子里，世界是有限的，是极度踏实的；如今那么柔弱，那么娇嫩，像一滴小水珠，却给了他一个无边无际的地方，像是给了一滴小水珠一个无边无际的海洋。我理解了他的不安，于是无论躺着还是坐着，都把自己的手放在他的手中，希望给他一点依靠和信赖。

无论是婴儿还是成人，是靠遮羞布维持生命的吗？肯定不是——不穿衣服是不会死人的；是靠房子维持生命的吗？肯定不是——上无片瓦下无草席，照样可以生存下去；是靠虚荣心维持生命的吗？肯定不是——没有哪一头牛哪一头猪是靠荣誉而活着的。尤其对于婴儿，本是赤条条来，还不明白什么是美什么是丑，还不明白什么是房子什么是家，还不明白什么是荣耀什么是羞耻。他什么都不需要，什么都不在乎，他惟一需要的、在乎的，只有吃，天性就是吃。

生命的本质意义其实就是吃。

除了吃，没有其他任何东西可以阻止生命的自然延续。

不到半个晚上，我摸索出了一些规律。人是以食为天的，在婴儿身上体现得最为突出，不管他为什么哭，只要给他喂点奶水，基本就制止住了。

在医院里，奶都是统一供应的，问是什么品牌的时候，护士说是营养师根据配方专门调制的，每三个小时供应一次，每次都是固定在三十毫升。深夜两点，凌晨五点，早上八点，中午十一点，下午两点……就这样循环往复着。供奶点在月子房外边的走廊里，没有人提醒你，也没有人等候你，错过了也就错过了。

大多数人是错不过的，大家会带着奶瓶子，提前半个小时站在走廊里排队。供奶后一个小时，才有片刻的安宁，像战争之后的间隙，会传出大人们的欢笑。那笑声是疲惫的，是左顾右盼的。

葫芦娃恐怕天生容易饿，每次刚刚喝完奶睡上一小会儿，就会继续参加啼哭比赛。我是挨过饿的人，排队等奶的时候，是最令人期待的时光，每次都要掐算好时间，提前半小时就跑出去。每次取奶，我都会讨好护士，有时候是笑一笑，有时候是夸奖一下，说她们服务态度真好。有护士在玩手机，我就说手机屏幕好大啊，像个小电视一样，是不是男朋友送的；有护士在抄写门诊日志，我就说字写得太漂亮了，是不是练过书法的。

夸奖使人容易相处。每次夸奖完了，我就会说，能多给点吗？护士就问，为什么呀？我说，我儿子比较卖力，比赛得了第一名。护士说，什么比赛？我说，还能有什么比赛，哭鼻子大赛呀。护士基本都笑喷了，一边笑一边说，第一名？谁给评的？我说，他外婆。护士一高兴，小手一倾斜，会稍微给加个十毫升。

当个勉强的奶爸，先得学会几门技术。有包孩子的技术，有抱孩子的技术，工序最为复杂的是洗奶瓶的技术。起初听了，势必会嗤之以鼻，自己五岁就会穿衣戴帽，六岁就会生火做饭刷锅洗碗，七岁就会替人家照看孩子。但是一旦做了父亲，面对脆弱的儿子，不亚于拆解一触即发的定时炸弹，没有技术那是束手无策的。

我的几项技术，是从我们月子房的一位阿姨处学的。阿姨四十多岁，各科室怎么走、热水在哪里灌、医生护士叫什么，她都一清如水。我问她，是不是抱过几个孙子了？阿姨笑着说，有个闺女还在上大学。后来才明白，她就是传说中的月嫂，每月工资一万多，遇到了国定假日，还得翻上几番。

我对阿姨说，你猜猜我是干哪行的。阿姨说，听你丈母娘说了，是个文化人呀。我说，你猜猜我这个文化人一月多少钱。阿姨说，三五万应该少不了吧？我说，不怕阿姨笑话，我一月还没有你拿得多。阿姨说，你叫穷干什么？这次去山东领奖，是诺贝尔还是奥斯卡？诺贝尔有一千万奖金，我们这些下人侍候多少人能赚这么多啊？

我听了，一阵羞愧，正给孩子喂水呢，手一抖，把奶嘴就扔地上了。我从地上捡起奶嘴甩了甩，在衣袖上擦了擦。这个小动作，被小青看在眼里痛在心里。小青气愤地说，你就是这样对待儿子的？我没有意识到问题的严重性，说多喝水有好处呀。小青说，水能这么喝吗？把你远远地叫回来，还是指望不上啊。小青说着，就哭了。她哭着说，我伤口痛，起不了身，不然就自己来。我觉得莫名其妙，一瓶开水一慌张，又洒在自己身上。

阿姨看我一把年纪，如此笨手笨脚，便点拨我说，地上不脏吗？我才意识到，要用开水把奶嘴冲洗一下。阿姨无奈，让我带上奶瓶随她出去。阿姨把我带到小卖部，买了一个大玻璃缸、一个小锥子、一把小刷子、一只大镊子，都是抗高温的。阿姨又把我带到一楼，那里有个开水间，正热气腾腾地排着长队。

第一道工序是清洗，把奶嘴取下来，用小锥子把奶嘴的小孔捅一捅，用小刷子把奶瓶边边沿沿的都刷一遍；第二道工序是消毒，把奶瓶奶嘴分开，放入大玻璃缸，用开水浸泡着，塞到微波炉里，高温转上十分钟，充分煮沸之后，再用大镊子夹出来，把奶瓶奶嘴安装好，放在玻璃缸中，干净地密封起来，消毒就算完成了。

我问阿姨，这个工序是谁设计的？阿姨说，书上写的呀，别以为月嫂没有文化，我们也是有教科书的。我说，每次你都这样认真吗？阿姨说，当然了，那些小不点，那么娇嫩，那么可爱，我们哪敢不仔细啊，万一染上病什么的，一辈子不就毁了？阿姨一番话，让我有些感动。凭着她的这个良心，一个月赚那么多钱真是应该的。

世界从来就是污秽的，面对一尘不染的小生命，我们能做的，最为重要的，就是把世界清洗干净，让他们尽量少受一点污染。

接下来，一天两天，一月两月，半年一年，每次给儿子喂完奶、喂完饭，无论是他吃进肚子里的，还是他用的餐具，我们都是这样给他消毒的。开始都是纯手工的，用刷子刷，用水冲，用微波炉煮，我、小青和丈母娘三个，都有被开水烫伤、脱过几层皮的经历。小青后来干脆花了血本，专门给他置办了一套餐具，玻璃碗、银筷子、铁勺子，尤其是买了一台消毒碗柜、一台高温消毒器、一台小冰箱、一台可以杀菌的洗衣机，专门供儿子使用。就连儿子吃饭，都是单独做的，不和我们混在一个锅里。

不是我们太过小心了，而是因为我们对世界太恐惧了。

阿姨还教我如何用毛巾包孩子。别小看包孩子了，一块四四方方的毛巾，怎么把孩子包好，让他睡着舒服，不露出肩膀，哭闹的时候、张牙舞爪的时候，不至于把毛巾给踢开了。

阿姨照顾的那个孩子，第二天下午就吃上了母乳，而小青一点迹象都没有。临离开之前，她过来帮忙揉了揉，发现无济于事，就笑着告诉小青，吸一吸就出来了。小青问，是孩子吗？他这么小。阿姨说，让大人吸呀。小青说，我自己够不着啊。阿姨又笑了说，孩子他爸怎么样？让他用点力，保准见效。

我与小青相视一笑，这么小个空间，这么多人，当众之下自然是不方便的。当小青拉上帘子，躺了半天，发现我并没有什么动静，便瞪着眼睛问我，你什么意思？我说，哪有什么意思呀，我在想，万一我吸了，会不会有问题啊？小青说，都是为了孩子，你以为干什么？以为是那个啊？我说，我怕你。小青说，你怕我什么？怕我忍不住了？

你脑子能不能单纯一点？我说，我不是怕你，是怕我万一有什么病，这不是污染吗？小青听了，一时没有忍住，哈哈地笑了起来。小青笑着说，这倒是有点道理，你老在外边混，万一有不三不四的病，不就害了咱们儿子了吗？

直到我们出院时，小青依然没有一点奶水。阿姨就说，你们是不是害羞啊？没有孩子的时候你们怎么办的，现在就怎么办呗。我开玩笑说，我们做了啊，好像没有效果。阿姨说，你使的气力不够吧？我说，我把吃奶的力气都使上了。

临别时，我托阿姨给介绍一个月嫂。阿姨打了一通电话，要么开价太高，一个月一万多块；要么还没有上班呢，就问国庆节是放假还是涨三倍的工资；要么是等上半个月才行。最后，阿姨给了我一个开奶师的电话。几天之后，我打过这个电话，竟然是一个还没有开过怀的姑娘，上门给小青按摩了半小时，收了五百块钱就走人了。发现什么效果都没有，再打电话过去，人家说，这不是家电维修，还有个保修期的，如果再上门的话，得再收五百块。

月子房是没有秘密的，家长里短的比较多，仅仅隔着个帘子，多数时间为了透气都是敞开式的，之间说个什么话呀，基本是清清楚楚的。

我陪护的第一个晚上，半夜住进来了一个产妇，闹腾了整整一个通宵，天空泛白了还不得消停。产妇自己介绍说，怀孕前只有一百来斤，腰围也就两尺，如今已经两百多斤，翻个身呀什么的，把床压得要散架了似的，一家人担心难产。但是子夜一点推出去，几个小时就回来了，抱回来一个大胖小子，九斤八两。她逢人就嘻嘻哈哈地亮出个小鸡鸡让人看。

丈母娘听了，似乎有点不高兴，之前我们葫芦娃是这里的惟一。

在这个繁殖也按计划进行的年代，生个小鸡鸡是光荣的，生个小辫子是焦心的。葫芦娃还没有出生时，我们一家讨论过生儿生女之事。我的意见是希望有个女儿，如果是女儿的话，可以给她穿上小裙子，梳着一个马尾巴，让她漂漂亮亮地跟在我的屁股后边。有一次，丈母娘或许是开玩笑的，说如果生个丫头，哪有养她的劲头呀，与朋友跳舞的时候，都不好意思带着了。

我以为丈母娘不高兴的，是关于婴儿体重，人家一出生，比我们凭空多了两斤多的肉，于是安慰丈母娘说，郭晶晶刚给霍启刚生了个儿子，和我们一样是七斤二两，肥大儿其实是不健康的，爱得心脏病与糖尿病。丈母娘听了，情绪还是不高，说她已经尽力了，坐月子的时候，鲫鱼汤肉丸子的侍候着，母子两个吃了，就是胖不起来，不能怪她了。

小青贴在丈母娘耳朵边说，都长着个小鸡鸡，那是不一样的，我们家葫芦娃出生才两天，都预定了好几个小媳妇了。小青俯下身子亲了一口儿子的脸蛋蛋说，葫芦娃，你快告诉外婆，要娶个局长的千金呢，还是要个大别墅呀？丈母娘一听这话，顿时情绪高涨地说，乡下的不要，丑八怪不要，阿拉就挑一个有权的、一个有钱的，一定得是上海的。

月子房里还有两个人，一个产妇很神秘，一个奶爸很神奇。

神奇的奶爸是个年轻的小男孩，起初以为他是陪母亲来生小弟弟的，虽然留着个小胡子，但是走路蹦蹦跳跳的，有时候还哼着歌。我感觉他就十八九岁的样子。随后证实，他果然只有二十多岁，不过人家和我一样，当爸爸来的。有天晚上，医生来给他媳妇做检查，很严肃地警告他说，这次生完了，你们要放慢一点。那个男孩顽皮地说，怎么慢啊？你教我吧。医生说，你这样下去，会要了她的命的。医生告诉丈母娘，别看是个小男孩，前边已经有两个孩子了，这次是生第三胎来的。我问，为什么不能生第三胎呢？是超生吗？医生说，超生不超生不重要，重要的是要讲个间隔，前两个孩子间隔都不到一年，子宫还没有恢复，怀孕会有危险。小男孩凑过来得意地说，前两个，也都在这里出生的。

另外一个产妇就住在我们的床头上，她看上去年龄也不大，不到三十岁的样子，人长得挺淑女挺娴静的，感觉不像刚刚生过孩子，在她身上看不到一点痛苦，也看不到一点身为人母的喜悦。说她神秘，是因为在她住院的这段时间，没有一个人陪着她，也没有一个人来看望她，其间有人打过电话，似乎是她的姐妹，她接电话的时候，也是平平淡淡的，没有一点凄凉的情绪，仅有一点点孤单。她把孩子哄睡了，就盘腿坐在帘子里玩手机，玩一会儿手机就安安静静地睡了。我们也不明白她是什么时候出院的，出院的时候是自己走的，还是被人接走的，总之我们和她没有说过一句话，也没有听她和其他人说过什么。她不像孤僻的不合群的人，我们大家在聊天的时候，她都在静静地听着，有时候也笑一笑，但是从来没有插过话。她的安静与平淡，加上一点点孤单，让人一点也无法判断，她是以什么样的名义生出这个孩子的。是爱情？是婚姻？是交易？还是单身妈妈？什么都像，什么都不像。但她的身份是可以肯定的，就是一位母亲。对于孩子，还有什么身份比这个更重要呢？一个孩子，一个生命，惟一需要的，惟一无法舍弃的，只有母亲。

第四天的时候，还以为可以继续待在医院里，住满一周时间，但是早晨的时候医院就开始催着出院。我说，爱人的伤口还没有好，还不能动弹呢。医生说，不能动弹我们可以提供轮椅。我说，我儿子还没有睁开眼睛呢。医生说，让他睁开眼睛干什么？这里又不是公园，有什么好欣赏的吗？我说，爱人还不能经风，外边在下雨呀。

医生说，哪里会没有风雨？你不能把窗子关上吗？下雨你不会给她撑把洋伞吗？

关键是床位十分紧张，已经有人挺着大肚子，坐在这张床上了。

走出医院大门的那一刻，回头望了望那破烂的不起眼的大门，我突然意识到我对这家充满着喜剧色彩的医院，对含着无限期待的月子房的理解，过去都是不准确的。那拥挤不堪的有点野蛮意味的嘈杂而无序的落脚地，它既不像一个生命出发时的火车站，也不像混乱的农贸市场，甚至都不如屠宰场的痛快和果断。它更像是一口熬粥的大锅，也可以说是熬药的大锅。我们都在这口锅里，被汗流浃背地熬了那么一回。

我的思绪从医院又回到了塔尔坪，回到了塔尔坪那间房子，落在原是一个土炕如今支着一口大锅的地方。此时正是午饭时间，我的父亲如果在家的话，正是生火做饭的时辰，他会在一口锅里，翻来翻去地烙一种美味——我喜欢他也喜欢的美味，它的名字叫锅盔又叫生活。

我给父亲打了一个电话，想问问我的父亲他在哪里，按说他应该已经抵达了上海。

他在几天前已经动身，要来上海看望他的孙子。他早在二十年前就唠叨着想抱一抱孙子。

这是他的希望所系，是他的血脉所系，也是他活着的最后一个寄托。

第十一个故事

最干净的路

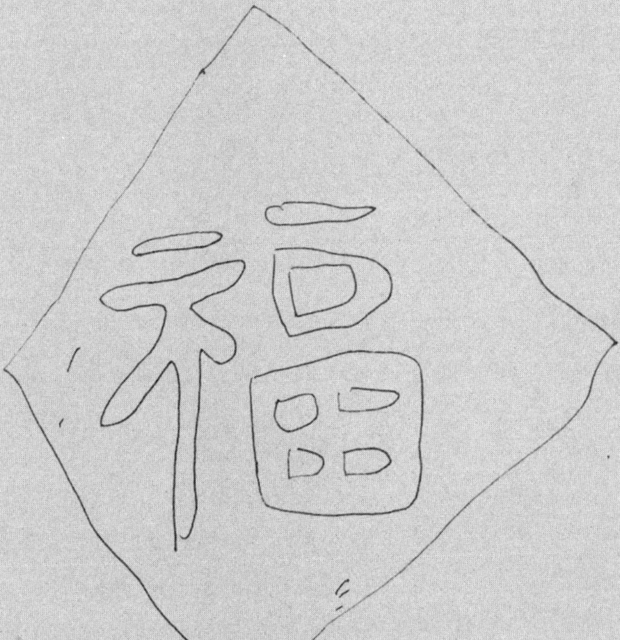

第十一个故事

最干净的路

似乎捧着几个鸡蛋和一只青花瓷。

也似乎不是行驶在地上，而是行驶在飘飘的白云深处。

我从没有这么小心地开车，也没有把车开得如此缓慢。当我慢下来，任何事儿都变得相当美妙，舞蹈便是慢下来的结果，得道成仙也是慢下来的结果。我在想，如果人世间的路，都这么好好走的话，还会有意外吗？还会有灾难吗？

我又一次想起自己坐过的第一趟车。那是十多岁的时候，随着哥哥去河南灵宝淘金，汽车在清澈的小河边飞驰，四周的玉米林在向后倒退着，两岸的柳枝不时地拂过我的脸面。看到一群喜鹊擦过头顶飞过，我正想指给哥哥的时候，突然之间，小河倾斜了，玉米林倾斜了，柳树倾斜了。在七百二十度的倾斜之中，哥哥被埋在了车轮下，再没有爬起来了。他在最后一刻把我推下了车，救了我一条小命。事故原因就是超速，加上司机注意力不集中，当时在听收音机播放的小品。

从医院出发前，我把车清洗得干干净净，去做了一次系统的保养，换了机油机滤和刹车油，换了几个灯泡子与一个水箱，连四个轮胎我也换了新的。说实话，我把接儿子回家，当成了一个仪式，生命开始的某个仪式。我一再提醒自己，必须把这条路走好。第一，小青毕竟还未痊愈，她的腹部还有一道伤口，经不起任何的折腾，儿子是第一次出门，第一次头顶天空接触大地；第二，这不是一般意义上的回家，这条路也不是一般意义的路，它是儿子漫长一生的起点，起点本身都是一个预兆，都有无尽的天意夹杂在里边，我不想因为自己一不小心，让这个预兆变得不安和颠簸起来。

其实这条路我走过好多年。这是小青上下班必经之路，她在过去十年间，从周一至周五，早上九点穿过这条路去上班，下午五点再穿过这条路回到家里。她对于这条路熟悉的情形，可以说是闭着眼睛，也明白哪里长着一棵银杏树，哪里长着一棵法国梧桐，哪里是长乐路，哪里是常熟路，哪里是武宁路。而且她随便瞄一眼，就明白是否到达了芸芸众生顶礼膜拜的玉佛寺，哪一扇窗户是张爱玲当年眺望过的常德公寓。

如今，这条路对我来说如此陌生。

丈母娘已经提前回家了，她要去一趟菜市场，像对待重大节日一样，神圣地准备一顿晚宴，起码得炒两荤两素，熬一锅热气腾腾的排骨汤，温一壶上海石库门老酒。按照她的意思，得让柴米油盐动起来，让锅碗瓢盆跳起来，这关系的不是一顿饭，而是人丁兴旺的家庭。她还要把门外的地毯铺上，把婴儿床上的被褥铺好，把每一盏灯都要打开。提前一天，我已经在阳台上挂起了大红灯笼，在窗户上贴上了福字，在大门上和电梯口贴好了对联，在有些地方还挂了彩带。

这是一个全新的日子，我们要营造一个吉祥而火热的氛围。

父亲、小姐姐、小姐夫三个人，坐了一天一夜的大巴，带着玉米、木耳和核桃已经千里迢迢从陕西赶到了上海。父亲与小姐姐从未出过远门，他们出没的地方无非是山林、庄稼地和小河边，如果我没有记错的话，他们一辈子还没有到过西安。他们不会坐公交车，不会坐电梯，甚至还没有弄清楚红绿灯是干什么的。他们一边搓着手，一边在电话里问我，是否给他们找点事儿做做，比如让小姐姐洗洗尿片，让父亲挑挑水。他们以为这是陕西农村，只有农村才有尿片，乡下才要挑水。我不想说破这些，我笑了笑说，你们在家里待着，我们进小区的时候，你们到门前负责放炮吧。

小姐夫长年在外边漂泊，山西的煤矿、陕西的工地、河南的金矿，是见过大世面的人。他果然自己倒了两趟公交车，很快就找到了医院。

小青是被背着一步步下楼的，即使如此仍然让她遭受了剧痛。那几寸长的伤口并没有愈合，只要稍微直一下腰，会有被撕裂的感觉，上边蒙着一层纱布，隐隐地渗出了血。这个伤口用酒精棉球擦洗了半个月，仍然有了化脓的迹象，每次看到这个触目惊心的场景，我的眼前似乎插着一把刀子。

把小青扶上车之后，我再次返回月子房，把葫芦娃严严实实地包好，轻轻地放进提篮里。在过去的岁月里，提篮对我一点都不陌生。我打猪草的时候用的就是提篮，装着挂面和红糖走亲戚的时候用的就是提篮，掰玉米、挖土豆的时候用的也是提篮。还有村子的大嫂子和小媳妇回娘家的时候都会挽着一个提篮。那时候的提篮与现在的提篮形状没有太大差别，不一样的是质地，过去是自己用山藤编的，如今全是塑料的。

我感觉自己提着的，不是一个婴儿，而是一个炫耀夺目的奖杯。

穿过走廊，步入电梯，走出院子，我一直面带微笑，给每个认识或者不认识的人点头致意。对于那些让道者，我一一弯腰鞠躬；对于每一个祝福者，我不停地说着“谢谢”。

我走出大门的时候，天上又下雨了，还是一样的太阳雨，小水珠还是金黄色的，像一条条小金鱼在空气中游动。我第一次发现，这个季节喜欢下雨，喜欢下金黄色的太阳雨。我记不起来，在这个地球上还有什么地方，上天把气候安排得如此协调。

我在想，是我的眼睛不一样了吗？是大地与天空的颜色不一样了吗？颜色不一样的地方它的反光就不一样。我不想追究下去了，我不单独喜欢下雨，也不单独喜欢太阳——在夏天单独下雨太潮湿阴暗了，单独出太阳有些炎热。反正我喜欢又下雨又出太阳的天气，反正我喜欢这种金黄色的小水珠，它是富有生气的小金鱼。

我们的车，首先要经过长乐路。这家产科医院就位于长乐路。凡是在这个城市长期生活的人，他的兄弟姐妹，或者他的儿孙，总会有人在这里出生。所以这条路的名字，已经融入了生命之中，成了生命地理中的重要坐标。只要提到这条路的名字，人们马上就会联想起这家医院。但是，并不是谁想在这里出生，他就能在这里出生，据说早在一年前就被预订一空了。在这里，关系不起作用，钱财宛如粪土。你必须从几年前开始，在这里调理身体，在这里检测卵泡，在这里戒烟戒酒，直到在这里怀孕。

因为有这家医院的存在，长乐路天天拥挤不堪，不过这里的拥挤与其他地方不同。其他地方一拥挤，大家就会烦躁，还会打架和动刀子。在这条路上行走，大家之间很少有摩擦，偶尔有人着急，把车停在马路中央，也没有人按喇叭或者骂娘，倒是交警不时过来贴罚单。大家不太计较这里的罚单，不就是两百块罚款吗？因为大家心里都明白，这里是长乐路，在这里出没的，大多数都是为了迎接小生命。尤其从这里经过的女人，别在意她们走路缓慢，也别斤斤计较她们不守规矩，无论什么情况大家都会尽量避让一下，不仅因为她们撞不起，还因为她们不是一个人，她们身体里怀着的是幸福与希望。

我紧紧地握着方向盘，目光不时地从后视镜里，瞄一眼放在后座上的儿子。车开得十分缓慢，几乎是寸步难行。看着窗外川流不息的人群，我突然有了写诗的欲望。我不能停下来写诗，不过我把这首诗静静地记在心中。

从这条街经过，尽量慢点
像穿过一朵雏菊
尽量小声说话，注意用词
不要冷冰冰，更不要带脏字
因为这里一个人长着两双耳朵
如果可能提前洗洗手，理个发
有必要擦点唇膏最好不过，因为
这条街随时都有一双新生的眼睛睁开
长乐路，这个城市的人都明白
有个巨大的卵巢在流血
有个腹部在隆起
呕吐不是病态
哭声不是悲哀而是喜悦
女人从这条街开始拐弯
变成一个个乳汁充盈的母亲
从这条街走开之后在其他任何地方
再碰到一只蚂蚁
也会把它当成一个孕妇

葫芦娃并没有静静地躺着，而是哇哇地大哭起来，整整地哭了一路。我明白婴儿的哭，不是大人的哭，不能代表什么。

我的内心十分宁静，在即将进入小区的时候，我给丈母娘打了电话，让她通知父亲与小姐姐，准备好鞭炮，下楼迎接我们。但是丈母娘说，他们还没有过来，应该还在另一套房子里住着。

已经过了约好的时间，他们的行事方式不会这么平淡。因为另一套房子里没有电视，没有任何娱乐性的设施，他们待在那里做什么呢？何况他们从来不看电视，也无任何其他嗜好，在他们的眼睛里没有什么东西的分量会超过我，如今没有什么东西的分量会超过葫芦娃。

我提醒丈母娘，父亲与小姐姐如果在楼下，可能连门铃都不会按。他们没有见过这样的大门。在老家会有一对门环，根本没有什么门铃。所以我让丈母娘下楼，去找找他们。丈母娘下楼后，并没有看到他们的影子。他们也不会乘坐电梯，他们会爬楼梯，也许早就爬上了楼，蹲在某一层的楼道里。丈母娘又在楼前楼后找了一圈，连整个楼道上上下下也找遍了。丈母娘告诉我，他们不见了，任何踪影也不见了。

在车上不能开空调，又不好开车窗。开空调太冷，开窗后风会灌进来，吹着弱不禁风的人。葫芦娃或许是太闷热了，或许是感觉到了异样——一个婴儿，往往像一片雪地，白茫茫的干净的雪地，他们总是敏锐而神秘的，似乎可以接收任何与亲人有关的信号，甚至是上天发来的预示。

葫芦娃没有一点停下来的意思，他竭尽全力地哭着，像最后的一团火苗，稍不注意就会立即熄灭。

太阳还在，雨不明白什么时候走了。我把车靠边停了下来，尽量停在林荫里，让梧桐树的影子把小青与葫芦娃身上的阳光挡住。

与小青相识之前，我几乎看遍了上海比较像样点的小区，不满意浦东的偏僻，不满意宝山的尾气，不满意闵行的土气。有一天，下着大雨，我的同事告诉我，可以去普陀区某某路上的某某小区看看。我赶到这个小区的时候，雨更大了，而且起雾了，几栋大楼像是握在护士手中的一支支注射器，深深地插进了肥硕的天空，显得十分气派而朦胧。尤其是合抱粗的银杏树，形成了一个金黄色的林子，林子中间铺着一条弯弯曲曲的石板小路，而且是五颜六色的，路边竖着形态各异的雕塑，有蟾蜍，有袋鼠，还有大象，不停地吐着水珠。大门外有个广场，中间有个池子，池子里有个喷泉，大门建成了海盗船的样子，有着十分浪漫的艺术气息。我一下子想到了法国威尼斯，其实整个小区就是按照威尼斯风情设计的。不到半小时，我就选好了房子，交了两万块的定金，让这里成了我的家，成了小青的家，也成了葫芦娃的家。

其实那都是假象，真正到了两年后，开发商把房子交到我手里的时候，又粗又大的银杏树移走了，换成了一人高的香樟苗子；雕塑被毁得所剩无几，干脆铲掉变成了停车位；石板路被挖掉了，铺上了灰色的水泥；连大门也被拆了，原来作为售楼处，如今房子卖光了，就被推倒了，取而代之的是一个低矮的小岗亭。

与小青认识后，我们每次约会，几分钟就见面了，才发现我们两家仅仅隔着一条马路。大家十分惊叹，说是上天早就安排好的。我向小青求婚的时候说，看在我们一路之隔的分上嫁给我吧。小青第一次还有些犹豫，但是第二次就欣然地答应了。

她嫁给我，并非看在上天的分上，也许是实在太方便了。她仅仅需要五分钟，便可以回一次娘家了。在她出嫁之后，像蚂蚁搬家似的，今天一对红木椅子，明天一只青花瓷，后天再来一套清朝的茶具，不到半年就把丈母娘那边一些值钱的好东西，顺到我们这边了。丈母娘有点生气地说，嫁到马路对面，原来全是为了惦记她的几件家当。

我让小姐夫下了车，去另一套房子喊叫一下父亲与小姐姐。我想他们也许睡着了，也许记错了时间。小姐夫很快折了回来，说是按了门铃，家里并没有人应声。我猜测，他们从一个家赶往另一个家的时候迷路了。隔着一条马路，对于我与小青来说，恐怕是上天安排的缘分，但是在父亲与小姐姐的眼里，还没有见过这么宽的路，也没有走过这么宽的路，对他们来说其实就是迷宫。

我心情一下子变得十分低落。我不明白他们的迷路意味着什么。我精心准备的仪式就这样收场了。葫芦娃只能悄无声息地回到他的家。虽然他在这里住了十个月，对这个家并不陌生，但毕竟是第一次以独立的个体踏进这个家门。

葫芦娃也许是想回家了，也许对环境早已适应了，当他一回到家里，被放进那张温暖的婴儿床，很快就安安静静地入睡了。他的入睡也可以理解成另一个意思——他想让我安安静静地出门，去寻找已经迷路的亲人。

当我打开另一个家的门，里边果然空无一人，桌子上放着一包没有开封的瓜子，还有一碗没有吃完的面条。说明父亲与小姐姐他们饿了，自己解决了午饭。我急急地下楼，左一条街，右一条巷子，仔细地寻找着，甚至把几个小区都搜索了一遍，还是没有发现他们的身影。这么大个城市，这么陌生的地方，他们自己没有电话，不知道我的电话，也没有我家的地址。甚至他们不会普通话，听不懂上海话，上海人也听不懂他们的话，到底应该如何是好呢？

我站在路边，沮丧地看着每个从这里经过的人，向人们描述着他们的样子：一个剃着光头的老人，一个双手插在袖筒里的妇女，他们脚上穿着的是布鞋，裤腿上应该还粘着泥巴。别人说，是农民吗？我肯定地说，是的，是两个农民，刚刚还在庄稼地里。人们怀疑地摇摇头。这是城市，这是不种庄稼的上海，怎么可能会有两个农民呢？我想报警，但是报警有什么意义吗？二十四小时里，警察不会帮助我们的。

而且在这个吉祥的日子里，我不想引起这么大的波动，以至于若干年后，让我们回忆这一天的时候，浮上脑海的是那呼啸而来的警车和腰里别着武器的警察。

一个小时后，他们终于在一条下沉式的隧道里出现了。他们离我并不遥远，离我们的家并不遥远，只有三百米的样子，但是大家走在各自的意识里，使得他们迷失了，使得大家没有遇在一起。

小姐姐说，咿呀，我记得是个红色的屋顶啊，跑到这里怎么就不是了呢。我发现她指给我的，确实是红色的屋顶，但是这片地区的房子，哪个不是红色的屋顶呢？我带着他们跨过一条马路，仅仅用了十分钟时间，就回到了他们想找的地方。我指了指面前的大门说，记住吧，这里不但有红色的屋顶，门口还有一棵枣树。在城里枣树是不多的，在乡下枣树是司空见惯的。他们可以不认识梧桐树，不认识香樟树，不认识银杏树，一定能认识枣树。

小姐姐看了看说，就是啊，下回不会再记错了。

他们眼里噙着泪水，因为没有完成我安排的任务，所以满心都是委屈与内疚。小姐姐怀里一直抱着一串鞭炮。她把鞭炮放在地上，父亲则掏出打火机。当他们准备放炮的时候，我安慰他们说，还是留着葫芦娃满月的时候再放吧。

这串两万响的鞭炮果然留到了一个月之后，只是再放这串鞭炮的时候，父亲与小姐姐已经回陕西去了，而且葫芦娃已经睁开了眼睛。当我在楼下放炮的时候，让丈母娘抱着儿子到楼下观看，不想却把儿子给吓坏了。自此很长一段时间，听到噼里啪啦的声音，他就往我们怀里钻，就使劲地哭，尤其是第一个春节，通宵的鞭炮声吓得他一夜都没有安宁。

如果第一次回家的时候就放掉了这串鞭炮，又会是什么情境呢？它还会成为他的恐惧吗？但是恐惧对一个孩子来说，会不会成为一种经历？会不会演化为一种强大的力量呢？

第十二个故事

曲折的奶水

第十二个故事

曲折的奶水

葫芦娃还没有出生的时候就有一个奶妈。

小青说，叫干妈恐怕更舒服一点。

这个奶妈至今没有见过葫芦娃一面，葫芦娃也没有见过她一面，不过葫芦娃却是吃着她的“奶”长大的。奶妈是上海本土女子，有个网名叫清风明月。上海已经没有清风也没有明月，人家之所以叫清风明月，是因为移民瑞士十多年了，在瑞士首都给外国小囡教汉语。据说瑞士四季都是清风习习，月亮要比上海丰满，而且没有雾霾。

怀上葫芦娃的那阵子，三聚氰胺的阴魂还没有散尽，关于葫芦娃吃什么奶粉的事儿，我们家里曾经有过很长时间的争论。我做什么事儿，都喜欢进行心理分析。我分析的结果是，还是吃国产奶粉，不仅仅因为便宜，而且在眼鼻子底下，购买起来比较方便，真有点什么事儿，还可以找到厂家大门。三聚氰胺把三鹿搞垮之后，一大帮坏人被抓了起来，恐怕没有谁敢顶风作案了。而且所有的奶企都加三聚氰胺，是有攀比心理在里边，当年你黑我也黑，如今你不黑我也不黑了。

我有个要好的朋友，在君乐宝做宣传推广，君乐宝公司就与三鹿在一起，都在河北石家庄。我咨询她，她也是这个态度。她说，你儿子不是外人，马上给你空运十罐子，孩子爱吃的话，全部免费提供。朋友制造的东西，而且又是免费的，这十分诱人。我很高兴地把这个消息告诉小青，小青让我问问，朋友自己的孩子是吃什么奶粉的？我问了朋友，朋友说，她自己孩子没有吃过奶粉，喝的是维维豆奶，照样长大了，如花似玉。

小青有点气愤，她不相信中国人能改邪归正，关键在于中国人不走歪门邪道，生意就做不兴旺，就会吃亏。所以她说，我们一辈子，就这么一个孩子，不能把他当成小白鼠，哪怕就是砸锅卖铁，也得让咱葫芦娃吃上洋奶粉。小青最后说，万一吃出个大头娃娃来，看你怎么办？我说，头大的人都聪明，而且“大头大头，下雨不愁，人有雨伞，我有大头”。话一出口，就被小青指着鼻子训了一顿，说我这是没有人性的想法，如果真吃出个大头来，我们一辈子就毁掉了。不得不承认，文人是生活在象牙塔里和人性善的一边，小青肯定比我更懂人性恶的部分。

给葫芦娃吃洋奶粉被小青确定下来之后，我们夫妻之间的争论并没有停止，那就是什么才叫洋奶粉，什么品牌才是洋奶粉。小青说，当然是国外的奶粉了。我说，我是个农民，一说到农民，人们就想到“土”，反义词就是“洋”，所谓的“洋”其实就是“洋气”，就是时髦一点的东西，我们塔尔坪哪有人出过国？除了我，甚至没有几个人到过上海，但是我们从小就吃洋货长大的，这个你知道吗？

小青怀疑地说，你们从小就吃洋货长大的？什么牌子？

我说，洋芋、洋葱、洋柿子，哪个不是洋玩意？我去韩国的时候，行道树多是松树，老祖先姓李，博物馆里的雕塑穿着盔甲握着宝剑，人的相貌与看人的眼光，就连泥巴的颜色，其实与中国没有任何差别。所以，韩国从某种意义上讲，是算不得“洋”的，“洋”是不能拿国界线来划分的。

小青说，美国你去过吗？德国你去过吗？澳大利亚你去过吗？不要一说国外，你就搬出韩国来，让人听了会笑话的。你绕来绕去，不就是想买国产奶粉，忽悠我们葫芦娃吗？不就是舍不得花钱吗？我所说的“洋”，不是韩国，不是日本，是“西洋”！西洋在哪里你明白吗？就在大西洋那边！我说的洋奶粉，就是西方生产的奶粉，你别想拿你们作家的那一套来迷糊我。

我被小青训了一顿，有点小小的生气，于是顶了小青一句，你舅舅是西洋人？还是阿姨是西洋人？反正我的亲戚朋友之中，除了土豆是西洋的，西红柿是西洋的，再没有一个西洋的关系了。没有西洋的关系我们从哪里弄西洋的奶粉去？

小青很郁闷，拿起手机立即拨打了两个电话，一个电话是关机的，一个电话已经成了空号。她应该是在联系她的两个同学，她有那么两个女同学，要死要活地嫁到了国外，一个似乎是嫁给了瑞典，一个似乎是嫁到了巴西。

我们四处打探海外关系，恨不得从外边突然冒出个干爹干妈来。

我对小青说，可以让人代购吧？我们同事有做奶粉代购的。那阵子，有两个事件闹得沸沸扬扬的，一个是达芬奇家具，还有一个就是奶粉，都口口声声说是洋品牌，其实都是在国内加工的。尤其是这个达芬奇，原以为是画《蒙娜丽莎》的那个老头，这件事儿发生后，我才明白人家是家具，一只沙发就是几十万元。之所以这么贵，就因为说是洋货，记者卧底调查的结果，是在国内加工的，然后漂洋过海，到国外吹了吹西洋的风，再坐船回到国内，就成洋品牌了。

这和那些到外边镀金的专家是一个意思。

小青说，代购更不靠谱，这种来路不明的东西，谁明白是在哪里加工的？用什么加工出来的？用面粉加工出来的还好吃，没有营养不要紧，起码是没有毒害作用的，如果用海洛因加工的怎么办？

我笑着说，你傻瓜吗？如果是用海洛因加工的，我们就发财了。

小青说，你才傻瓜呢，有些人往火锅里加什么？加的是罂粟壳！罂粟壳是什么？就是让人上瘾的毒品！

我说，往奶粉里加毒品，不可能这么缺德吧？

小青说，这是你这个善良人的想法，三聚氰胺不就加过了？！

小青单位有个去澳洲出差的机会。小青说，你看看人家的海、人家的蓝天、人家的白云，这是奶牛低头吃草的环境，也是它们身上带着的花纹。葫芦娃能吃上澳洲奶粉那就太理想了。看小青那种羡慕的样子，似乎澳洲奶粉不是用牛奶加工的，而是用海中的清、天上的蓝、云中的白为原料加工出来的。

小青对于出国，从来都是平平淡淡的，但是这一次，她好想得到这个机会。她在乎的不是去旅游观光，而是去为葫芦娃配备奶粉。我提醒她，出去一次也带不多，孩子吃上瘾了以后怎么办？小青说，以后再说以后的。结果，大家争来争去，小青自然不在这个名单里。她抱怨说，上天不公平，好事总轮不到自己。我安慰她说，你怀孕了，上天怕你不方便，这出去一趟，多危险啊，碰到个地震呀海啸呀，那不就遭殃了？

在这个时候，清风明月出现了。

有一天，突然有人在我的博客留言，说喜欢我的文字，她这些天正在上海，如果有空可以认识一下。我从没有听说过这么个人，但是我还是答应见上一面，因为她是个女诗人，也因为人家路过上海，给人家留点面子，还是有必要的。

那天下午，阳光温暖得有些过头，在常德路一家咖啡厅，我们聊了很多诗歌，也聊了很多诗坛上的花红柳绿。

在中途，我双手接过她递上来的一张名片。

在我准备揣于口袋的时候，忽然发现她的通信地址不在国内，而是瑞士苏黎世。我对这个国家的了解，仅仅局限于一把刀子。我不清楚这个国家具体方位，但是在和她交流的时候，明白和德国、意大利及法国贴得很近，应该是传说中的“西洋”。她是上海人，嫁给了天津人，一家四口移民到了瑞士，成了真正的假洋鬼子。

我想到了葫芦娃的奶粉。于是问，在瑞士吃什么奶粉呢？清风明月告诉我，她的两个儿子都是吃母乳长大的，她也不太清楚瑞士人吃不吃奶粉。她以为我只是随意问问，等她回到瑞士之后，我又反复提起这个话题。她在社区网站里搜索了一下，告诉我说，销售量最大的奶粉叫 adapte。

我问中文名字叫什么？她说，还没有中文名字，按照直译应该叫爱达特。我问她，销量有多大？她说，你不能与中国比，中国有几十亿人口，这是一个小国家，总人口才八百多万，仅是上海的三分之一，加之不太爱生孩子，出生率小得可怜，又讲求母乳喂养，所以吃奶粉的并不多。

当时，我也没有搞清楚，销量到底小到什么程度，心想只要是瑞士销量最大的，就可以放心了。

我说，求你帮我个忙，买点这个牌子的奶粉给我寄回来。

清风明月很痛快地答应了。大概过了两个周，她从瑞士发来消息说，爱达特给我买好了，通过邮局寄出来了，请我注意查收。我从她那里了解到，从瑞士寄奶粉到上海并不容易，有点类似于贩毒。一是邮局周末不上班，要去邮局她必须请假。二是不提供包装箱，不提供包装服务，而且很注意环保，为了找个纸箱子，她几乎跑了小半个城市。三是邮费很高，几乎要占三分之一的奶粉钱。为了节省邮资，她把奶粉外边的包装全部拆掉，来减轻分量。四是这是瑞士原装的，六百克一包，按照中国海关规定，每次只能邮寄五公斤。在瑞士销量最大的奶粉，供应量十分有限，想买到这五公斤的奶粉，是颇费周折的。瑞士每个超市一周的进货量也只有三包，五公斤就是三个超市。不像在上海，超市是遍地开花的，在瑞士超市十分稀少，所以几乎要跑半个城市。

她最后说，为了当个奶妈你明白有多难吗？作家的想象力够丰富的了，你就大胆想象一下吧。

葫芦娃出生前，为了给葫芦娃囤积口粮，清风明月每隔一段时间，就会从瑞士给我邮寄奶粉过来。按照她自己的说法，她每天一回到社区，就去超市把人家一周的存货，全部扫空。我说，你可以和他们预订一下，让他们多进点货呀。清风明月说，人家配送量都是固定的，哪像我们国内销量大，所以商业很发达。就这样，每隔一段时间，清风明月就要请假，就要跑一回邮局。

清风明月为了给我节省一些运费，她每次回国探亲或者是出差，都会换个大点的旅行箱，尽量少带行李。

有一次她回国过中秋，连孝敬父母的礼物也减掉了。我感到十分内疚，清风明月却说，正好找个借口，在父母那里省点钱，何况外边的东西，哪有我们中国的好啊。于是每次去拿奶粉，我都想请她父母一起吃顿饭，但是被他们给拒之门外了。我送的自己写的几本书，他们倒是喜欢得不得了，都仔仔细细地读了，说是无论乡下人在上海混，还是上海人在外国混，出门在外都不容易。

每次看到一袋袋奶粉，我在心里想，如果葫芦娃有机会见到她，一定要让他对着她叫一声干妈，直接叫一声“妈”也是不过分的。

葫芦娃这小子，出生后胃口越来越大，开始每天三四百毫升，后来每天七八百毫升，几乎一周就要消耗两包。有一阵子，清风明月工作有了变动，给瑞士的学校编写汉语教材，每天忙得昏天黑地的，奶粉就迟迟没有消息，我又不好意思催讨，葫芦娃竟然断了口粮。也许葫芦娃喜欢这个口味，也许适合了这种口味，我们提前预备好了几包洋品牌，有的是朋友们送的，有的是自己专门托人出差时捎的。葫芦娃断口粮的那两天，我们用一种德国奶粉顶了一天，但是葫芦娃舌头很刁，立即就尝出来了，直往外边喷。

爱达特吃到快一岁的时候，清风明月给寄了最后一次。

她说，吃到一岁就可以断奶了，要以主食为主了，而且自己搬家了。

我明白，这是人家断供的意思。我把这个情况告诉了小青。小青说，奶粉是必要的营养，是万万断不得的，起码得吃到五岁，最好一直吃下去。我说，都一岁了，没有这个必要吧？小青说，为什么没有这个必要？你几岁了？每天早上为什么还喝牛奶？

我一时无话可说，真是时代不同了，生活也是不同的。

我小时候绝对是没有吃过牛奶的。我第一次喝牛奶，已经快三十岁了。喝牛奶常态化，是结婚之后，我已经三十五岁了，是在小青的监督下才坚持的。我们吃的是光明牛奶，上海本地人基本要吃光明牛奶，他们是以吃光明牛奶为荣的。如果有人吃了外地牌子，那肯定就是外地人，外地人就是乡下人，乡下人是没有品位的，会遭到人家嘲笑的。

家家户户的门外，都会挂着个白箱子。丈母娘每天清早起来，第一件事儿就是踢踏着鞋，用一把小钥匙拧开那个白箱子，把几个玻璃瓶子拿出来，再把昨天的空瓶子放进去。无论是白箱子上，还是玻璃瓶子上，都标着“光明牛奶”几个字，这是上海人自豪的源头，像是他们喝进肚皮的不是牛奶，是第一缕晨曦似的。

我对小青说，我们给葫芦娃也喝鲜奶吧，鲜奶比奶粉应该更好。小青说，除非你弄一头奶牛回来，养在我们家楼下，葫芦娃饿了，就直接扑上去，这样我们才能放心。我说，你这个从小喝着光明牛奶长大的人，为什么对光明牛奶也不放心？小青说，我们天天喝鲜奶，这鲜奶从哪里来的？

我说，当然是从奶牛身上挤下来的。

小青说，你见过奶牛吗？

上海几千万人都在喝这种鲜奶，但是我确实从来没有见过一头奶牛。每天早上无论起多早，那一个个玻璃瓶子里都会装着白色的液体，准时出现在那个白箱子里，让人感觉这种液体不是奶牛产出来的，而是从这个神奇的白箱子里产出来的。

我无奈地说，瑞士的奶妈搬家了，不好意思再逼人家继续了。

小青一时显得很慌张，给朋友打了一个电话，让人家到家里来坐坐。这个朋友住在我们隔壁的小区，家里有个比葫芦娃大半岁的儿子，据说是一个网络达人。小青是向这个朋友求救的。我赶紧预备好了水果与饭菜，准备好好贿赂人家一下。朋友来了之后，小青与她寒暄了几句育儿经，然后求朋友教她如何进行海淘。我当时还不明白什么是海淘，以为是到海滩上捡贝壳，或者是到海里冲浪。

小青一连好几天都霸占着电脑，泡在网络上。我怕她弄坏了眼睛，劝她如果无聊的话，可以听听音乐什么的。小青说，你以为我在网上与人聊天吗？我在给葫芦娃海淘奶粉啊。我有些不理解地说，海淘原来就是网购？网购难道比代购还安全吗？小青骂我说，你很无知。小青最后给我进行了知识普及，所谓的海淘就是直购，直接从国外的商店里采购，然后花钱委托运输公司，把东西邮寄回来。海淘也是网购，但是海淘并不是网购，网购与代购是从中国人手里买外国人的东西，但是海淘是从外国人手里买外国人的东西。

我说，我还是不懂，说到底你还是不相信中国人。

小青说，直销是多简洁的事儿，在中国人手里就变样了，一下子弄成了传销。你不会傻到相信传销吧？

网上没有原装的爱达特销售，小青第一次海淘以失败收场。她并不放弃，唉声叹气地海淘了另一种奶粉，还有液态钙和果泥，甚至是矿泉水，标签全是英文的。我不明白叫什么名字，也不明白是哪个国家生产的，更不明白它的用量与用法，只明白每次给葫芦娃冲奶粉的时候，严格按照小青的吩咐：三十毫升开水加一勺子奶粉，绝对不能有丝毫的误差。一旦有一丁点的误差，比如水多了两毫升，或者勺子太满了，都会遭到小青的批评。

对于被母爱冲昏了头脑的人，因为母爱变得疑虑重重的人，我不仅仅不生气、不担心，反而心头涌上了一丝温暖。

在一个被物欲主宰的时代，其实我也是一个多疑的人，我不但不相信中国货，不相信中国人，也不相信外国货与外国人，在这个世界上我只相信自己，还有另一个就是小青。不像老家塔尔坪，麦子是自己种的，面粉是自己磨的，面条是自己擀的，畜生是自己养大自己杀的，肉是自己炒的。从地上，到嘴里，六六三十六个环节，都是自己动手的，没有什么不放心的。

我相信了小青又有什么用呢？在一个不靠谱的世界里，什么都不是你亲眼所见，每一粒米都不是你亲手所种，中间隔着无数的工序与无数的人，人心又都是复杂多变的，在法制精神再完善的西方，又怎么能控制得了千变万化的人心呢？所以，无论是中国货还是洋货，无论是中国人还是洋人，你根本不明白会在什么环节埋下了祸根。

有一阵子，食品接二连三地出事，农药超标、苏丹红、防腐剂。除了砒霜，食物里什么都会有。丈母娘为了一家人安全，也为吃得舒心一点，不辞劳苦地张罗着亲自包饺子。城里人包饺子，可不比乡下人包饺子。饺子虽然是亲手包的，可馅是人家剁好的，皮是人家压好的。谁明白这馅里放的是不是老鼠肉？这皮是不是在厕所里压出来的？中间一旦有了商业利益，吃着也是不放心的。

小青买回来了一台大饼机、一台面包机、一台压面机，亲自开始烙大饼、做面包、压面，即使如此我仍然是不相信的。因为面粉里除了会添加增白剂，还会添加拉面剂，所谓的高筋面粉便是这么来的。做面包与烙大饼的时候，会加入发酵粉、黄油与其他一些调料，谁能保证这些东西到底是不是喂畜生的？是不是旧皮鞋加工的呢？

小青说了一句话，让我释然了许多——我们做父母的，只能尽心尽力，好中求好，别的就管不了那么多了。

葫芦娃一直在吃奶粉，都是小青从外国淘回来的。有一阵子邮局与海关闹矛盾，海淘货积压在港口大半年时间，那阵子小青很心焦，天天听着敲门声，等着海外的快递。葫芦娃长到一岁多，各种体检下来，除了生了许多疹子之外，没有其他什么毛病，体重、身高都是符合健康标准的，而且皮肤白皙，智力超常，已经有过目不忘的气象，人人都夸我们把孩子养得太帅了。

小青奶水一直不好，奶粉成了葫芦娃的主粮。为这件事，她常常十分内疚地说，她对不起宝贝儿子，如果自己奶水充分，不至于让葫芦娃遭这个罪。不管如何，世上最干净的，还是从母亲体内流出来的乳汁。小青说，她的身体可以排毒，经过身体直接加工出来的，自然是最干净的了。

为了早出奶水，多出奶水，不是女人你是无论如何难以想象的，这也是人比动物高级的一个侧面。

首先是请开奶师。

对奶水，其实我是茫然的，也是觉得十分神奇的。我真不明白为什么女人一生孩子就有奶水，男人为什么不会生出奶水呢？为什么奶牛不在生育期也有挤不完的奶水？关键是它们吃进去的，是干巴的、粗糙的、绿色的杂草，偶尔给它们改善了一下伙食，经过它们的身体再流出来，就变成了那么细腻纯白的、营养丰富的液体。

我突发奇想，如果能在男人的体内，最好在每个孩子的体内，安装一头奶牛式的胃，无论孩子们吃什么东西，不就像是吃奶了一样吗？所以，女人身体里，应该也有一个神奇的水龙头，当孩子脱离母体的时候，顺便把这个水龙头拧开了。不过那是顺产，对于剖腹产的小青，水龙头在什么地方呢？我们一点底气都没有。

在等待了一个周左右，我提议还是请个开奶师。

电话是我打的，开奶师是个女的。我不明白这个世上，有没有男性开奶师。我问开奶师的时候，开奶师说，你还挺大度的嘛。我说，我的意思是有没有变性人干这个职业。开奶师对我的怀疑有点不高兴，她说，当然有了，你自己啊，你自己去吸吸吧，就用不着我们了。

我说，你们怎么收费？

她说，五百块。

我说，能便宜吗？你离我不远呀。

她说，远近都是五百块，不出奶的话不会收费的。

我把情况汇报给了小青。小青说，那就叫吧，反正不出奶是不收费的。

我对开奶师的长相，以及如何开奶，是充满好奇心的。她有什么新式武器吗？她会不会像男人一样趴在上边吸呢？还有别的什么绝招吗？但是开奶师上门的时候，我恰恰有事儿出门了。

当我一小时后回到家，开奶师已经离开了。我说，这么快呀？小青说，就十分钟吧。我说，出奶了吗？小青说，几滴而已，现在又断流了。我说，她怎么做的？小青说，说白了，就是个保健按摩师，揉了几下就完事了，人家说乳腺不通，把乳腺打通了，奶水就出来了。小青一边说着，一边焦急地揉着自己。

我明白，这应该是开奶师教给她的。

我说，让我来吧。

小青瞅了一眼睡在不远处的葫芦娃，有点难为情地拒绝了。

开奶师走后好几天，我又打了开奶师的电话，求她再上门一次。但是她告诉我说，再上门一次，要再收五百块。我说，没有出奶呀，不出奶不是不收钱吗？她说，我们在的时候出了，现在不出了，是饮食的关系，还是别的关系，我们不清楚，不能怪我们吧？

我说，你们应该有售后服务呀。

开奶师和以前的说法一样，又不是电器维修，还有个保修期。

我说，你多大了？她说，这和年龄有关吗？我说，你生过孩子吗？她说，没有啊，这和生孩子有什么关系呢？我没有猜错，听声音，应该是一个年龄不大的女孩，与美容店里的按摩师没有什么异样。我一下子被气蒙了，一个没有生过孩子的女人，怎么明白奶水的意义呢？

我真想骂一句，愿她生孩子的时候没有奶水。

但是我骂不出口，诅咒对一位母亲而言，那是多么残忍。

第二是食疗。

小青从医院回来，丈母娘花了很多心思，半夜三更地给小青做月子餐。对于正餐，无非是鲫鱼汤、蹄髈汤、母鸡汤。汤汤水水之中，除了加进笋片、茭白、丝瓜，顿顿里边都放了白花花的通草。

我开始不明白通草是什么，去中药店里买来通草后，我一下子笑了。这在我们老家，不叫通草，而叫通花，是白色的，和塑料泡沫很像，放在一起是很难分清的。

通草，不是草，是一种灌木的芯。春天刚从地下冒出来的时候，就拇指这般粗细，十分嫩，割回家，从中一捅，通草就出来了。刚捅出来的时候像根绳子，晒干后就和泡沫一样，特别的轻，特别的脆。小时候每到春末的时候，我们就上山采割，加工成通草。当年卖钱的时候，万万没有想到那是一味中药，自己还有用得着的时候。

还有配餐，这是葫芦娃出生前，小青就订好了的，是广和堂的月子餐，价格昂贵得有些离谱，但是小青喜欢，我也不好阻止什么。

我一直不明白，月子餐是什么东西，到底是中药呢还是膳食？早晨，胡萝卜粥一碗，加谷粉一勺；中午，米粥加猪肝一碗，配山药和黑木耳一碗；晚上，黑米、糯米、糙米、大米粥（或饭）一碗，配通草枸杞鲫鱼汤；半夜时，再吃一顿红豆汤。当广和堂月子餐吃了一大半，小青的奶水并不见涨，反而越来越少了。

我是学过中医的，又和中药打过多年交道，在月子餐里一扒拉，发现了木耳、猪肝、糙米，感觉有些不对头。因为照着性味归经，这几样东西都有减肥瘦身的功效。

小青听了，上网一查，似乎明白挺坑人的，这月子餐不是增肥催奶的，而是让那些不想母乳喂养的太太们尽快恢复身材，说白了就是断奶瘦身餐。小青生产前，身高一米六四，体重九十来斤，算是非常苗条的。她说生完孩子自己可能会长成一百五十斤的大胖子，当年的裤子、衣服和棉袄恐怕全都不合身了。但是小青不在乎身材，她只在乎能不能让葫芦娃吃一口自己的奶水。

她十分生气，立即把这些月子餐提到楼下喂给了一群流浪猫。

相信流浪猫们吃了一定会更加瘦骨嶙峋。

鲫鱼汤、蹄髈汤、母鸡汤，这些美味一旦加了调料肯定是令人嘴馋的，但是一旦什么调料都不放的话，会是什么样子呢？恐怕只有小青能够体会的了。

在葫芦娃出生后很长一段时间，即使还没有奶水的那段时间，为了保证身体的纯正性，小青把喝可乐的习惯彻底给戒了，而且无论生什么病，她都拒绝吃药打针，腹部的伤口化脓了，医生建议涂一点药水，都被小青给拒绝了。我想方设法买回来的催奶剂，也被她从窗口扔了下去。有几次感冒，发烧、流鼻涕，虽然没有吃任何药，她还是把奶水挤下来全部倒掉了。

我觉得太可惜了，开始倒在花盆里浇花，后来自己偷偷地喝掉了。或许是母乳营养太高，每喝一次我都会上火，牙痛好几天。

不仅如此，无论是正餐还是配餐，小青交代不能再加任何调料。粥里不能放糖，菜里和汤里不能放一丁点盐，更别说是添加味精呀酱油呀这些调味品了。粥呀汤呀还比较容易，每次我端到小青手中，她眼睛一闭，还没有尝出味道，已经咕咕嘟嘟就喝下去了。但是那些大肉呀青菜呀什么的，尤其是蹄髈、鱼肉、鸡肉，不甜，不咸，不鲜，不辛，除了腥味，什么味道都没有。

感觉是把一条生鱼，或者是一只生猪蹄子，直接放入了嘴里。

我悄悄地尝过一次，立即就吐出来了。我体谅小青，在背后偷偷地加了一丝丝盐，但是被小青给尝了出来，她很生气地说，你们这是对我好吗？你们这是在谋害葫芦娃明白不？我吃了这些盐，盐会渗入奶水，葫芦娃喝了奶水，就等于吃了盐，他的小心脏承受得了吗？

我不明白，吃点盐与小心脏有什么关系？但是没有做过母亲，没有养过孩子，我如何证明吃了盐就没有害处呢？

第三是买吸奶器。

小青说，不管什么，我们都要把最好的，用在葫芦娃的身上。所以买吸奶器的时候，她选择的是美德乐，全是英文的，我不认识，只知道是美国的。第一只美德乐一千多块，是单边的，主机巴掌那么大，颜色是橘黄色的，像个十分漂亮的小飞碟，另外配了一个奶罩和两根管子，还有一个装奶的瓶子。瓶子也很精致，后来给了我，装我的牙齿。小青把那个奶罩，一会儿扣在左边乳房上，一会儿扣在右边乳房上，吸呀吸。左边十五分钟，右边十五分钟，再左边十五分钟。每吸一次前后加起来，需要一个多小时。不仅仅上班时候用，回家后半夜三更爬起来，每隔四个小时都要准时吸一次。吸奶时会发出巨大的震动声。

有一天清晨，听到吸奶的声音，我以为是窗外的工地上挖掘机在施工。

那声音与挖掘机施工的声音太像了。

其实那就是一台挖掘机。

不长时间就把美德乐累坏了，第一次我不得不自己动手，把它们拆开，从头摸索着，把它们修好。第二次又坏了，我实在修不好，到处咨询，竟然发现上海有个美德乐服务点。我跑到那里修美德乐的时候，看见一个巨大的仓库，正在向四面八方发货，有十几名工人在维修，咨询的电话响个不停。

我去过很多电器维修点，这是最热闹的一家了。说明在这个世界的某些角落里，还有成千上万的母亲，在单位的储藏室里，在公共场所的育婴室里，在自己家里，像一个个小水泵一般，在源源不断地向外输送着奶汁。

小青开始没有奶水，她就不分白天夜晚，把吸奶器的马力拧到最大，使劲地吸着，有时候人睡着了，那机器还开着，终于有一天，把一边的乳房都给吸肿了。吸肿了，我担心会不会发炎，让她抹点药水，她还是不肯，拿出酒精棉球擦了擦，那种刺心的疼痛我们都是经受过的，何况是娇嫩的乳房。

等到出了奶水，虽然不是很多，但是小青十分开心，为了不打乱葫芦娃的节奏，每隔四个小时她就爬起来一次。吸奶前，她会拿酒精棉球，给整个乳房都消一次毒。消完毒才开始吸奶，开始是定时的，后来开始定量，一滴一滴地吸出来，直到吸够四十毫升，左边二十毫升，右边二十毫升。

她紧紧地盯着这台机器，每看到一滴奶水流出来，她就高兴地笑一下，似乎流出来的不是奶水。

吸完了奶水，还要把吸奶器放在开水中清洗。所以每吸一次奶，前前后后需要一个半小时。白天吸奶的时候，她可以待在卧室里。但是晚上吸奶，她都是跑到了大厅，盘腿坐在沙发上。三个月内葫芦娃与我们一起睡，三个月后葫芦娃就和外婆睡了。但是她一直都躲到大厅，怕干扰我的休息。

到了冬天，无论白天还是晚上，小青都躲在大厅里。冬天十分阴冷，她在大厅的时候不开空调。我问她原因，她说，开空调，温度太高了，吸出来的奶会变质的。

为了吸奶，小青几乎无法睡觉，整天整夜地无法睡觉。想让葫芦娃直接在小青怀里喝，可是长期叼着奶嘴子，他已经适应了奶嘴子。我们打算买一只双边的吸奶器。小青说，三千块啊，太贵了吧。我觉得真的有些贵，但是相比小青的辛苦，三万块也得买回来。

双边的美德乐确实节省了很多时间，但是小青把节省出来的时间，加倍地用在了别的地方。这就是一个母亲，永远都有辛苦不完的活在等着她们。

小青第一次出奶的时候，她大呼小叫着要我赶紧过去。

她告诉我说，初奶是很宝贵的，里边含有很多免疫物质。

看到葫芦娃第一次喝下了她的乳汁，小青一下子激动得哭了。

直到半年后，小青的身体被榨干了，开始吸出来的是一滴滴的清水，再后来连一滴清水也吸不出的时候，小青又一次失落地哭了。

她冲着葫芦娃说，可怜的孩子，妈妈对不起你，妈妈再也没有奶水给你了，从此往后，你不需要妈妈也能生活下去了。

似乎不是断奶，而是断绝了她与葫芦娃之间的联系。

确实如此，从十月怀胎，到一朝分娩，哪一个过程都是离不开母亲的，但是从现在开始，除了儿子体内的血脉之外，还有什么是离不开母亲的身体呢?

在漫长的岁月中，也许儿子最依恋的还是母亲，但已经不再是血肉相连的那种疼痛的割舍不开的关系了。

第十三个故事

多病的世界

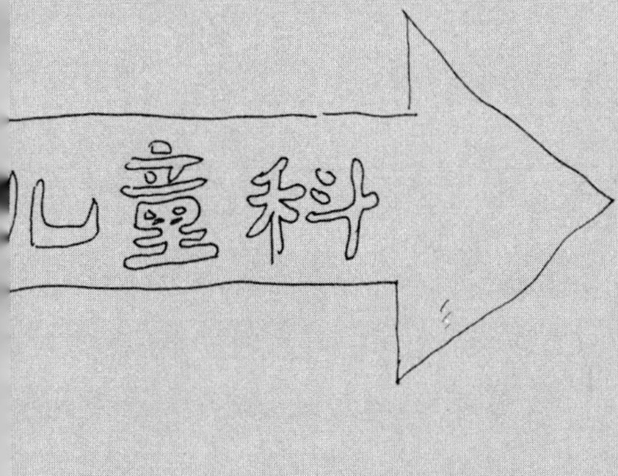

第十三个故事

多病的世界

葫芦娃刚落地第三天，就看了人生的第一次病。

当时还在产科医院里，除喝了点奶水与一点白开水之外，还没有吃过一丁点的五谷杂粮，也没有经过一丁点的风雨，这就病了。多么干净的一条生命啊，眼睛都还没有睁开，世界还没有看一眼，到底从哪里落下的病根呢？

想起好多年以前，我有个女同事，已经怀孕五个多月了，据说都可以照见胎儿的小鸡鸡了，但是在胎监的时候，查出了问题。是肝上的，还是肺上的，具体我不知道，只知道必须引产，不引产生下来的话，可能有先天性的疾病。我去医院看望她，孩子已经不在了，她一直在哭。我安慰她说，他们夫妻年轻，怀孕就是一天半天的事儿，不要太伤心难过了。当时我还体会不到，那种割了块肉的感觉，只觉得这是个纵欲的世道，打胎与流产是稀松平常的。

但是一位准妈妈的想法是不一样的，有没有出生那都是一条小命，都是从自己身上长出来的肉。于是我回家写过一首诗：

她的血脉一天天长大
吃无公害蔬菜，削掉果皮
她还看一些美人鱼与雪花的文字
这是她的胎教

她希望生命开始之时带着阳光
并且具备干净的蓝

但是在五月桃花盛开之后
她照过 X 光，让命运之神显了原形
他是病态的
那枚还未呼吸人间气息的肺
已经出现癌变
时刻准备当妈妈的她哭了
她不明白这个转世投胎的灵魂
是怎么感染的，她一直回忆
回到了前世的许愿树上
甚至回到秦时明月汉时关
但是一直找不到生活中的漏洞

她暗暗地想
也许哪天我们抱怨河水浑浊
天空昏暗，冬天迟迟不肯下雪
被这个处于十字路口的游魂听到了
他撤回去了
回到一只鬼魅或者一根草
这位夭折的母亲从此保持沉默
以免影响了人世轮回

葫芦娃患上的第一个病，是身上起了红斑，一块连着一块，几乎从脖子到腹部，从屁股到大腿，全是一片通红，让人看了十分心疼。旁边的阿姨提醒，我们会不会给他包得太厚了？事实确实如此，我不仅给他穿了小衣服，包了一层被单，还给他盖了一条毛巾。

虽然是夏天，既怕他热着了，又怕他凉着了；既怕他肩膀冷，又怕他小脚丫子冷。于是我们尽量包得单薄一点，可是红斑还在蔓延。按照我的意思，用清水擦一擦，应该就没事了。

他在母亲腹中的时候，毕竟与这个世界隔着一层血肉，他的生存环境还是十分干净的。不像现在，他必须贴身躺在这个世界上，而这个世界处处都被沾染过了，我们即使费尽心机地清理过，但是那些污秽，早就由表及里、防不胜防。

只要有时光存在，污秽就会存在，尘埃就会存在。

污秽和尘埃是时光终极的产物。

那床在不停地产生污秽，那衣服在不停地产生污秽，连那空气也在产生污秽。关键是，葫芦娃还有一个生有脚气的父亲。

别小瞧了我的脚气，它比起任何一根草、一只虫子还要顽固，简直就是一个小魔鬼。从十几岁开始，几十年间，用酒精擦，用药膏涂，用盐水泡，用艾条熏，什么招都用尽了。我进的时候它就退，我退的时候它就追，我狠的时候它像个龟孙子，我软的时候它像个强盗。

所以，葫芦娃身上的红斑会不会是我传染的呢？

我们惟一能帮助葫芦娃的，就是用水，用清水，给他洗一洗。小青又搬出她的理论说，葫芦娃不是过敏了，是出疹子了，出疹子会引起什么后果你明白吗？可能就是哮喘，哮喘之后可能就是肺炎，这有生命危险的。我不明白过敏与疹子的差别，就安慰她说，不会这么严重的吧？小青有点生气，拿出一本书，是育儿手册，告诉我说，你从来不看书，书上写得非常清楚，不信你等着吧。

小青说着说着，就焦急地哭了起来。似乎葫芦娃正在按着最悲观的逻辑，一步一步发展下去，最后真的患上了肺炎。

这就是一位母亲的思维。她面对孩子的时候，由于无比的疼爱，使得她拥有最为悲观的情绪。一个小小的红点，放在旁观者的眼前，它不过就是一个红点而已，而且大部分人都会相信，这个红点很快就会消失。但是放在一位母亲的心中，结果就完全相反了。她会把一个红点不断地放大再放大，一直放大下去就成为可怕的全部。

没有做父亲之前，对于小青的这种担心，我认为是没有必要的。但是现在，我非常理解她的这种思维。她担心的是万一，对生命而言，很多事情是不允许有万一存在的。比如葫芦娃目前所患的红斑，万一发展成了哮喘呢？哮喘万一发展成了肺炎了呢？肺炎万一……这种事情只要发生一次，后果真是不敢想象的。

对于生病，我从来不主张用药，生命有它自行愈合的机理。对于这么小个孩子，我更是舍不得让他吃药了。但是看着儿子的身体，回想起小青悲观的逻辑，我还是害怕了。

我把医生给叫了过来，医生四处看了看，没有给出一个确切的诊断，只是开了一小瓶药水，一日三次，一次三滴。

那黄色的药水，一滴一滴混入白色的奶水中，像一个乞丐混入了一场欢乐的舞会之中。我不明白那药水是什么东西，它是苦的还是甜的，只能眼巴巴地看着它流入了葫芦娃的嘴中。它将会顺着他的嘴，进入他的胃，被吸收消化，然后进入他的血液，流遍他的全身。他的血液不再纯正，混入了异物和杂质。

葫芦娃出院后，红斑并没有被控制住，终于从身上蔓延到了脸上，从脸上蔓延到了头上，几乎整个头上都是小红斑。小青不停地翻着育儿手册，一遍遍地重复着她的悲观的逻辑：疹子，哮喘，肺炎，生命危险。

我仍旧是反对进医院的，小青有几次看到我没有任何行动，就失望地大哭了起来。我同意带葫芦娃去医院，不是为了给葫芦娃看病，而是想治治小青的心病，为了不让小青担心与生气。从此，隔三差五就去医院一次，每次的经历都是惊心动魄的。

第一次去医院，葫芦娃还不满三个月，打听到某某医院的儿科是最有名的，那天横跨了半个上海，跑到某某医院的时候，已经晚上八点多了。心想这么晚了，医院应该很清闲，但是跑过去一看，仍然人山人海，灯火通明。半天等不到一个车位，挂号窗口前排着几米长的队伍，大厅里熙熙攘攘。

徐家汇、淮海路和南京路的夜市，也没有这么繁华与热闹。我在心里感慨，有病的人真多啊，如果半夜三更不到医院里去，还真以为这个世界有多健康和阳光似的。

我们挂了一个儿童皮肤科，别说坐着候诊了，走廊里连立足都危险。面对前边一百多个号，我有些扛不住了。托朋友找了个关系，人家说现在管得紧，插队是会被投诉的，还是耐心等待吧。我和前边的人说，孩子太小了，支持不住了，能不能让我插个队？一位中年妇女说，我家孩子正上高三呢，马上就要参加高考了。

我直接冲进去找医生，说我是某某某的朋友，看能不能先给我的孩子看一下？医生说，插队是可以的，但是你要给所有的人打个招呼，不然他们投诉我怎么办？我跑出去给一个个人求情。但是候诊的人都明白我要插队，大家开始起哄，说都是孩子，不急的话，挂急诊干吗？

我只好乖乖地排队，一直排到了晚上十点多。医生给我开了两支膏药，我咨询有没有什么禁忌，他懒洋洋地叮嘱我说，有一支是激素类的，尽量少用一点。

我担心地问，会不会有副作用呢？他给我的回答是，是药三分毒，你说没有吧，不现实；你说有吧，目前也没有出过死人的大事儿；哪怕就是美国吧，也制不出没有副作用的药。

我总觉得那个光头医生是有情绪的。事后，我在网上查了查，那个光头竟然是个博士。面对一个常识性的弱智的问题，他怎么会有兴趣回答我呢？如果他不是以博士的身份而是以父母的身份面对患者，他就会发现我咨询的不是关于药理的问题，而是一个心理的问题——我的心里充满着担忧。

他开出的两种药膏一支白一支蓝，是他们医院自己生产的，在江湖中颇有名气。候诊的那阵子，彼此一交流，发现去看皮肤科的孩子，最后带回家的都是一白一蓝。

我一直想不通，既然结果都是一样的，为什么还要让人辛辛苦苦地挂号、排队和就诊呢？为什么不直接放在药店里销售呢？为什么在其他医院里就买不到呢？有人说，这是医院的镇院之宝，如果直接放在市场上销售的话，这家儿科医院的医生吃什么？

我们去过三次这家医院，最后带回来的确实都是一样的蓝白药膏，以至于后来小青吵着要去医院的时候，我就嘲笑她，去吧，蓝白药膏各一支，混合在一起，每两个小时涂一次。笑归笑，你不去医院，就买不到这些东西，而且似乎是有效的，药膏涂到哪里，哪里的疹子很快就消失了。一旦停止不用，疹子就会更加严重。

有一次，葫芦娃疹子发得太厉害，恐怕是因为痒的原因，他就不停地乱抓，整夜整夜地不睡觉，在床上滚来滚去，有些地方开始化脓了。我开始相信了小青，心想这个“万一”似乎来临了。

我们带着葫芦娃再次去了某某医院，这次是白天去的，想挂个专家门诊看看。挂号费是三百块，据说这个专家是儿科最著名的，即使三百块挂号费，照样是排队的。光听人家姓名，感觉天生就是一个专家——姓是一个盛产名贵药材的地方，名字是一味中药的别称，学名叫薯蓣，分布于东北、河北、山东、河南、淮河以南等地，朝鲜、日本也有分布。味甘，性温平，无毒。有强壮、祛痰的功效，还是一种保健食品。

我相信这是真名，医生不会像我们作家，或者是抗战时期的革命家，会起一个化名的。

不愧是个专家，他开口的一席话，就把我们给吓蒙了。

专家说，这么厉害了，你们还顶得住？赶紧住院吧。我说，怎么个住法？专家说，住酒店你不会吗？当然是提着东西住到婴儿病房，进行封闭治疗了。我说，得住多久？专家说，少则五天，多则几个月。我说，住院怎么治？专家说，当然是打针吃药，这是一个系统工程，你来了就得听医生的。

我与小青商量了一下，问专家，不住院有什么办法吗？专家说，不住院？不住院可以啊，给你们开点药，回家试试吧，我们这里收治的婴儿，当初都和你们一样，等到得了并发症，比如哮喘，可就麻烦了。听到专家也是如此推断，小青说，我说的，你们总是不信，非得听医生的。专家与小青说法一致，不明白是专家糊涂呢，还是我们家小青比较聪明。

我说，你就先开点药，我们回家试上一周，一周后再来吧。

专家最终给我们开的，除了普通医生常用的蓝白药膏之外，还多了一样东西——专家果然是不一样的。这样东西要凭着处方，在大门外的社会药店里买。

我们怀疑地问，为什么医院的药房没有？

专家说，这不是药。

我说，不是药，为什么要凭处方？

小青跑到外边指定的药店一问，专家多开出来的东西不是别的，而是一种脱脂奶粉。

小青空手回来对我说，你明白脱脂奶粉是什么吗？你小时候吃过石头粉子，这其实就是石头粉子，不仅仅难以下咽，而且没有一点营养。好多孩子吃脱脂奶粉，疹子是轻了好了，又出现了营养不良，而且得一直吃下去，不然病情就会反复的。

两害相权取其轻。我们经过反复权衡之后，拒绝了脱脂奶粉。

一周之后，葫芦娃的病情没有一点好转，我们被逼无奈花了三百块，又挂了这个“多一点”的专家。专家问，药膏用了吗？我们说，一直用着。专家说，脱脂奶粉呢？我们说，一直在吃。

我们之所以要骗他，是不想伤害专家的自尊心，言外之意也是在告诉他，他的治疗方法并无什么效果。

但是专家经过诊断，给出的结论与我们不同，稳住了就是效果——他认为效果不错。他丝毫没有再提住院的事儿。不过，专家经过深思熟虑，拿出了一个新的解决方案：打吊针。

过去我们生病的时候，实在扛不下去了，打吊针是最后的方法，而且打吊针确实见效快，于是我们很痛快地接受了。

但是我们错了。

给三个月的孩子打吊针，这是我第一次看到，它的恐怖性，以至于后来，葫芦娃不听话，不好好吃饭，不好好睡觉，吓唬他的时候，不是用大灰狼，也不是用妖怪，而是说“带你去见某某某”。某某某是这个“薯蓣”专家的名字，只要一提这个专家的名字，葫芦娃立即低眉顺眼，变得十分乖巧了。

专家说，现在的情况有所好转，想要尽快痊愈的话，最好是打吊针。专家给我们开了三天的吊针。

第一天打吊针的时候，几个人跑到注射室一看，与大人打吊针是不一样的。大人打吊针是扎在手腕上，而给婴儿打吊针要扎在孩子的额头上。护士的解释是，婴儿手腕上的血管太细，只有额头上的血管发育相对成熟一点。

在注射室里，一片鬼哭狼嚎之声，一个个婴儿被几个人捉住，强行按在一个台面上。用个不恰当的比喻，那个书桌一样的台面，像我们乡下杀猪时候的案板。这个台面是白色的，而案板是黑色的。把婴儿按在台面上，像把一头猪按在案板上。

葫芦娃刚进注射室的时候，他一点都不害怕，竟然对着三个美丽的小护士咧嘴一笑。奶奶的，他从来没有笑得这么舒畅这么妩媚，以至于让我预感到了他将是一个好色之徒。

当葫芦娃仰面朝天躺在台面上，护士吩咐丈母娘把他的两只脚抓住，让小青把他的两只手捉住，让我把他的头死死地按住，葫芦娃才意识到了问题的严重。随着护士一针扎下去，再拔出来，再扎下去，又拔出来，再扎进去，葫芦娃已经哭得昏天黑地，比一头待宰的畜生更加凄惨。

我跟着哭了，丈母娘跟着哭了，小青心疼得哭了。

一根针终于扎进了葫芦娃骨感十足的额头。

一股液体从塑料瓶子里，冒着气泡慢慢地流入了儿子的体内。

我静静地抱着葫芦娃，坐在注射室内，不敢有一丝一毫的颤抖，哪怕汗水流了下来，哪怕蚊子咬了过来，我也不敢抽手。

葫芦娃累了，葫芦娃疲倦了，似乎慢慢地睡着了。他十分钟没有醒，二十分钟没有醒，三十分钟没有醒。我摇了摇他，没有任何动静，我又摇了摇他，还是没有动静。

我对小青说，不会有事儿吧？他不会昏倒了吧？

小青也摇了摇，同样没有一点动静。

小青冲了出去，呼唤着医生，可是医生并不在办公室里。

医生是在十几分钟后才被找到的，她用听诊器听了听葫芦娃的心脏，摸了摸他的头，翻了翻他的眼睛。医生告诉我们说，估计是真的睡着了。

第二天，我们刚刚上车，葫芦娃似乎有了预感，一直不安地看着窗外，还没有走进医院的大门，他就开始哇哇大哭起来。

很长一段时间，葫芦娃把商场和饭店，凡是灯火通明的地方，都当成了恐怖的医院，死活不愿意进门；见到任何长得漂亮的阿姨，他都把她们当成了护士，看到穿着白衣服的人，比如厨师，他都当成了看病的医生，远远地就会避开。

在成人眼里，商场与医院，美女与护士，厨师与医生，一眼就能区分，在一个婴儿眼里，统统都是一样的，不仅仅外表一样，气场也是一样的。我们能说成人是正确的，婴儿是错误的吗？

小青不忍心再看到葫芦娃的挣扎，于是采取了“掩耳盗铃”的态度，躲在门外偷偷地流泪。还是那个凄惨的台面，还是被死死地按住，还是在额头上，一针扎进去，再拔出来，再扎进去，三番五次。

这一次，葫芦娃没有睡觉，一直处于不安之中。

丈母娘说，似乎比人家慢。我准备调节一下，希望稍微快上一点。但是小青忽然尖叫了起来，指了指葫芦娃的额头，吓得什么话都说不出口了。

我们发现，点滴并没有注入血管，而是流入了他的皮肤。他的额头大了一圈，形成了一个巨大无比的包，像是他的头上又长出了一个头。

护士来了，迅速地拔掉了针管。我问那个包到底怎么办？护士说等到消肿之后明天继续。我说如果消不了肿呢？护士说慢慢等总会消肿的。

我终于忍无可忍，抱着我的儿子气愤地离开了。

葫芦娃的额头消肿之后，留下了巴掌那么大一块淤青。我们担心会不会因此而毁容，好在一个多月后，那块淤青慢慢地消失了。

即便是葫芦娃出疹子的那段岁月，我们认为葫芦娃仍是世界上长得最漂亮的孩子。我们一家三口，一边心疼着他的红斑，一边啧啧地赞美着他。直到很久很久以后，当他脸上没有一点红斑的时候，我们再回头翻看他的照片，才发现因为满脸满头的红斑，他长得实在是太丑太丑了。

我们还去过另外几家医院，基本是上海滩最好的医院，多数为了给葫芦娃治疗疹子，也有两次是治疗感冒。不管是治什么，都是挂号，排队，抽血，化验。还有一次，查了 B 超，让医生诊断，花费大半天时间，穿过大半个城市，最后开出来的，无非还是药膏和小儿冲剂，都是我们自己也开得出来的方子。好几种药，在药店里都是可以买到的。

有一次，小青发现葫芦娃耳朵下边，有一个硬块，怀疑是淋巴结肿胀。小青说，淋巴结可不是什么简单的东西，是排毒的，既然肿大了，说明有什么毒素排不出去。

我们照样挂了号，恐怕是周末的原因，或者这家医院刚刚开张，门诊室里空无一人，医生不知去向，询问的时候，有人说吃饭去了，有人说在手术室里忙着呢。反正等了半天，医生来了，摸了摸耳朵，看了看舌头，三分钟，诊断结果是，先回家吧。

自从儿子睁开眼睛后，我抱着他的时候，特别喜欢盯着他的眼睛，看着他黑色的瞳仁，看瞳仁里的自己的人影儿，甚至还喜欢看他的眼泪。

婴儿的眼泪，真是太纯净了，无论是河水，还是泉水，就连蒸馏水，恐怕也无法相比。我把他的泪水接到手心，纯净得似乎并不存在，透过泪水看到的任何东西，都变成了玉一般的颜色。

我感觉婴儿的泪水，应该是世上最珍贵的药。我不明白这味药是治什么的，但是每次接到手心之后，就把它吮了下去。这一吃，发现婴儿的泪水，似乎没有咸味，没有甜味，也没有涩味，似乎又含着任何一种味道。

终于有一天，我看到葫芦娃的瞳仁里，有一个消散不去的黑点。我问小青，小青还是一句话，赶紧去医院吧。那天小青有事，是我一个人带着葫芦娃去的，同样是一家三甲医院，同样是挂号排队，等了一百多个号，终于等到了一个女医生。女医生很认真，她看了看，然后说，是色斑，应该没有什么问题，只要不再长大就没有问题。

我说，不放心啊，眼睛可不是小事儿。女医生说，万一不放心，就进行切片检查，你愿意不啦？我说，什么是切片？女医生介绍说，切片就是从眼睛里取样。

要把刀子伸进葫芦娃的眼睛，切出一小块样片来，我们怎么能答应呢？

我们去医院最多的是打预防针，什么乙脑啊，什么乙肝啊，什么甲肝啊，什么水痘啊，几乎每隔一两个月，都要进一次医院。因为有了某某医院的恐怖经历，所以每次去打一次预防针，葫芦娃都会大哭大闹一场，搞得小青最后都不敢陪着去医院了。

就这么闹腾到了儿子一岁之前，有一次打乙脑，一出家门，我就给葫芦娃说，勇敢的孩子打针是不会哭的。爸爸是个勇敢的孩子，所以爸爸先打，然后给娃娃打，爸爸不会哭，娃娃也不要哭。

唠叨了一路，到了医院门口，葫芦娃还是一脸严肃，终究还是自己走进了医院，进了医院后还到处跑着玩滑梯。等到脱衣服打针的时候，他还是忍不住要逃跑，被丈母娘给抓住了。而我脱了衣服，把自己的胳膊伸给护士，装模作样地让护士给我假打了一针，然后让护士给他真打了一针。我没有哭，葫芦娃第一次也没有哭。

但是他的眼里含着泪珠。走出医院的时候，遇到一个小姐姐哭了，葫芦娃竟然走上前，委屈地对着人家说，不要哭了啦。

他不仅仅自己不哭，还会安慰别人不哭，这是多么了不起的进化啊。

第十四个故事

奶爸的忧虑

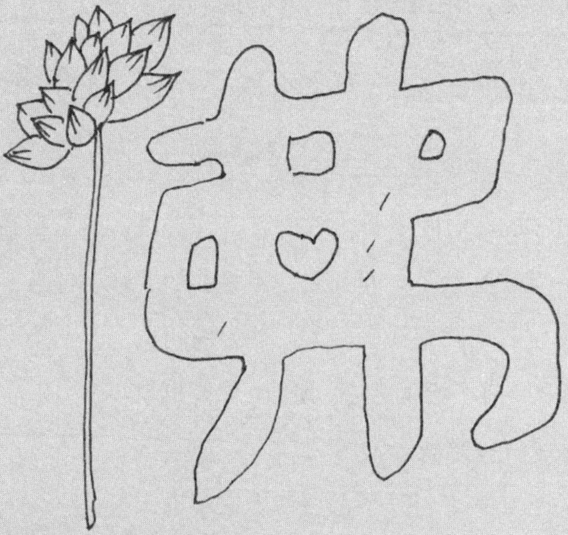

第十四个故事

奶爸的忧虑

人生看上去的大事儿，多是稀松平常的小事儿，无非衣食住行几样了。到现在为止，我都不敢确定，在处理这几样事儿的时候，我们会不会把葫芦娃引向一条奇特的小道。

先说说吃吧。

人不吃，命不能保。

葫芦娃出生前，我是出过家的，时间不长，就七天。

出家的时候印象最深的，就是吃素了。起初去，不是我的本意，是单位安排的。有天晚上，单位领导找到我，问了一些寺庙的情况，我以为领导整天让人斗来斗去的，有了厌世之心。便问，你要出家吗？领导嘿嘿一笑说，是啊，怎么了，你陪我去？

领导便转来一条短信，关于某某寺庙开了个短期出家项目，报名第一天就接到了一千多个电话，而且大部分都是年轻人。我是个入世太深的人，大半个身子都浸泡在红尘中，而且自小喜欢大鱼大肉，吃肉还专挑肥的腻的吃。佛门恐怕是不肯容我的，即使收了我，我自己恐怕也熬不过去，最终会辱没了佛门的清净。但是领导说，这是工作，非去不可，体验一下后，要写一篇大文章，发在我们的报纸上。

不明白领导用了哪一招，反正报名那么火爆，我们偏偏就被录取了。

出家的地方在上海西边的太仓，出发那天我在汽车的后备厢里，藏了一些牛肉干、腊肠之类的零食。开着车到约定地点去接领导，没有想到接着的人却换成了我们的一个记者。这个记者与我一样，一言一语都掉粉末渣子，真正俗到了骨子里，说得不好听一点，还不如红灯区里的混混。就这么两个俗人，偏偏都剃着光头。

光头记者爬上车的时候，一脸坏笑。我明白从一开始，他们就给我挖了个坑。如果不是要陪领导，我是万万不答应的。因为葫芦娃那时正好怀胎腹中，我怎么可以躲到寺庙里去呢？

开车去这座寺庙，大约需要一个小时，走到一半路程的时候，莫名其妙地爆胎了。开车去出家，似乎显得毫无诚意？按照佛菩萨的意思，是否应该徒步前往，最好匍匐前行？我想，佛法思想是否要与时俱进呢？比如僧人都配了手机，想必也有需要联系之人吧？我认识的一个和尚买了一辆面包车，还拉着我们去逛了逛街。

半路爆胎，在我心里落下十分沉重的阴影，总觉得是个不祥的预兆，但是不明白到底预兆着什么。

到了寺庙，换了一身居士服，过上了出家人的生活。不能带手机，不能与异性交流，反正清规戒律挺多的。

光头记者，俗是俗了点，倒是个善人，处处做公益，还提倡吃素，但是入了寺庙，以为进了公园，还是我行我素。一会儿指指这个女居士，说身材不错啊，一会儿拉住那个小和尚，跟人家毫无忌讳地开着玩笑。有一个居士，上来制止他，说他犯了口业。他问，什么是口业？居士说，就是妄语，引起别人心动。他说，我说的，都是我看到的，这有什么错吗？居士说，在这里，万事皆空。他说，我又不是瞎子，那两个大奶子明明晃荡着，你却装作看不见？

居士发现不是一个道上的人，拂袖而去的时候说，你会遭到报应的。

居士们交流心得时，才明白一个修行之人，本质上要做一个瞎子、一个聋子、一个哑巴，惟一守着的只有心。无论男女，在路上遇见了，不能盯着人家看，不聆听杂音，不乱说话。这便是寺庙里的“潜规则”，没有具体写在佛法里，却实实在在需要遵守。

人要是有敬畏之心，都是可以教化的；中国人可悲的，就是什么都不怕，不怕同类，也不怕鬼神，没有什么能压得住他们，所以就没有信仰。没有信仰，灵魂是漂浮着的，像无叶之木、无根之云。

我给人的印象一直是个坏人，一入佛门就变了，变得十分虔诚，不敢大声说话，不敢直视异性，甚至嘴馋了的时候，连红烧肉都不敢想一下。有天晚上做梦，梦到了在啃一只鸡腿，让我内疚了好一阵子，不明白这样的梦算不算犯戒。而且完完全全按照寺庙里的作息时间，吃斋、绕佛、打坐、止静，搞得跟真出家了一般。

仔细想了想，原因恐怕不在别处，而在葫芦娃的身上。光头记者，不求上进，生活已经无忧，有个女儿上了小学，在他看来，他是无所求的。没有苦难与未来的人，自然认为信不信佛都是无意义的。而我就不同了，与他一样吃穿不愁了，但是我的孩子还在娘胎中，一切都还是个未知数。

我之所以如此虔诚，念佛信佛礼佛，是希望我佛能够保佑孩子平平安安。

有一天听方丈讲经呢，偶尔听到一个居士介绍，方丈是个高僧，来自玉佛寺，能画画，会写毛笔字。我就嘀咕了一句，能求幅字就好了。七天修行结束，临要离开的时候，方丈对我和光头记者说，可去方丈室喝茶。我与光头记者跟随而去，方丈为我们沏了壶茶，就顺手拿出两幅字。展开一看，一幅为“佛”，一幅为“禅”，要送给我与记者两个。

我问，我们哪个是“佛”，哪个是“禅”？

方丈笑而不答，重新卷起字，放回了原处。喝完茶，聊了些佛事，等起身告辞时，我与光头记者各自上前拿了一卷，类似于抽签或者抓阄。

我们急着想知道自己抽到的是什么。

方丈却说，拿回家再打开不迟。

进了家门，我叫来小青，兴冲冲地展开一看，竟然是个“佛”字。我对小青说，我一直想要的，就是这个字。“佛”比“禅”不仅写得好，而且“佛”已修成正果，但是“禅”还在苦思冥想之中。小青笑了笑说，恐怕你那个同事也是这么想的。似乎被她说中了，正在我得意之时，光头记者打来了电话，笑嘻嘻地说，真是天意啊，天意啊。

方丈的这幅字，我拿到装裱店里，选择红木的框子装裱了一番，就挂在了我家大厅的墙上。每次一进门，看到这个“佛”字，人一下子就虔诚起来了。

不久后，葫芦娃就出生了。葫芦娃出生后，我们在大厅里，也就是“佛”下边，铺了一张紫色的地毯，用沙发围了起来，变成了葫芦娃一个人的小天地，上边摆了小木屋、刀枪棍棒、变形金刚、汽车火车、毛毛熊、小袋鼠，什么玩具都有。

葫芦娃就在这块小乐园里，学会了说话，学会了识字，学会了爬，也学会了走。

无论他干什么，都是在佛的注视之下进行的。

“佛”是葫芦娃认识的第一个字，也是他提的第一个问题。

有一天，他痴痴地望着那个字，问小青，什么是佛？他反复问过什么是佛，有点在参禅悟道的意思。我突然想把这个“佛”字从墙上取下来。有位朋友阻止了我，说把佛挂在什么地方，绝对是有讲究的。既不能不挂，把它束之高阁，那是非常不敬的；如果挂在不恰当的地方，更加不吉利了。一是不能挂在厨房里，二是不能挂在卧室里。厨房是个杀生的地方，卧室是生色的地方，都是有违佛意的。

当然，最初求得这个字，起因在葫芦娃的身上。如今想换了这个字，也自然是因为葫芦娃了。有一次，我把葫芦娃的照片发给了一个朋友，想拿这个小帅哥显摆一下，但是这个朋友一直是信佛的，而且道行还很高深。他开始一言不发，似乎十分神秘，被追得紧了，就回复我说，这孩子有慧根。

葫芦娃随了他妈，长得比较秀气，皮肤白净，一旦剃了光头，配上他内敛而清澈的眼睛，真有点小一休的感觉。大多数朋友见了葫芦娃，都说长得可爱，或者说长得太帅了，惟独这个朋友用了“慧根”二字，着实吓人一跳。

我说，他平时不吃肉，不沾腥荤。

朋友深沉地说，那是个出家的料子。

葫芦娃从吃主食开始，他的食谱是这样的：早晨吃粥，中午吃粥，晚上吃米饭，加萝卜豆腐汤。有一阵子，我们觉得这样不行，想方设法让他吃肉。我们以为是他不会咀嚼，所以在粥里加上肉末。但是一旦加了肉末，无论是猪肉的，还是鱼肉的，你搅得再碎，一入他的口，就被尝出来了，就被吐出来了。小青给他预备的肉松，无论拌在粥里，还是单独喂他，他还是一样拒绝。人小不懂事是这样，越长大越是如此。

我们心想不吃肉，是不是可以把萝卜豆腐汤换一换，换成排骨山药汤，换成猪手黄豆汤，甚至换成牛肉绿菜汤，非常苦恼的是，换成其他什么东西，他只吃萝卜豆腐。

什么荤菜都不吃，营养是跟不上的，我们怕影响他的发育，包括牙齿与骨骼，但是葫芦娃似乎个子、体重都比同龄人高一点点，属于比较健康的状态。

我怀疑会不会从小看着“佛”长大，真如朋友所说，他是有慧根的，长大要做和尚的？如果真是这样，我们应该如何是好啊？我们可都是俗人，都是罪孽深重的人，不应该有这种福报的吧？

其次说说衣服。

这既是保暖用的，还是遮羞用的，如今遮羞的功能越来越少，多半演化成了一种妆饰。

葫芦娃出生后，送什么东西的朋友都有。有两位朋友送了摇摇乐，我不明白摇摇乐是什么，小青便拿出来一个安装在婴儿床上，有点像小型的遮阳伞，上边画着卡通图案，还系着各种各样的小动物，有小熊，有米老鼠，还有一些我不认识。它会自动旋转，播放种种音乐。婴儿躺在床上，看着摇摇乐，也许被转晕了，所以容易睡觉。

有两位朋友送的是衣服，让我印象深刻。有一位送的，是专门跑到商场去买的，听说我生了个儿子，所以买的这些衣服，要么是深蓝色的，要么是暗灰色的，没有一件是鲜艳的。小青拆封后就放在一边了。另一个送的，是自己孩子穿过的，有一句古话“穿百家衣吃百家饭”，据说婴儿穿旧衣服比较吉祥。这个朋友生了两个闺女，所以这些衣服都是花花绿绿的，朋友的意思是婴儿的衣服不分男女。小青拿出一件件衣服，一会儿指指这件高兴地说，再不穿恐怕就小了；又指指那件期待地说，太大了，这么漂亮，得等到明年夏天。

有两位朋友送的是睡袋，其中一件是粉红色的——呵，终于提到了让我惊心动魄的粉红色。开始我并没有太在意，后来带着葫芦娃出门的时候，十有八九被人当成了“女儿”，才让我提心吊胆了起来。

他们依据的，不是葫芦娃的长相清秀而白净，更不是葫芦娃的性格腼腆而柔顺，依据的是他穿着的衣服。

葫芦娃的衣服，无论是婴儿时期，还是少儿时期，都是五颜六色的，要么天蓝，要么水红，要么淡绿，要么乳白。而且基调是浅色的，要么没有任何花纹，要么花纹都是细腻的，比如细碎的小花。说实话，除了有一条夏天穿的蓝色的牛仔裤之外，基本没有一件可以透出阳刚之气。

葫芦娃有两件衣服，是小青自己买的，在这方面达到了极致，说白了，不管谁看了，都是女孩子的样子。

其中有一件是夏装，很明显就是一件连衣裙。这件乳白色的夏装，印着黑色的小圆点，而且上身是吊带式的，下身是超短裙式的，都是带着皱褶的，关键还是束腰的。我不明白怎么描述，反正葫芦娃穿在身上，身材苗条，露着两只胳膊与两条大腿，像是一个跳芭蕾舞的小姑娘。

不穿这件衣服出门，会被人误会成小姑娘，一旦穿了这件衣服出行，百分之百被人当成小姑娘。那年夏天，我们似乎全是在别人的误会中度过的，即使看到这件衣服晾在阳台上，我都感觉那段日子特别漫长，感觉葫芦娃长得特别的慢，希望时光尽快过去，这件衣服尽早被淘汰掉。我问过一次小青，衣服是从哪里来的？小青说是她网购的。我不再言语了，网购的东西往往就是这样，有点货不对板或者是色差，那是很普遍的。但是，这种性别错乱的衣服接二连三地出现在我的视线中，我才恍然大悟了。

另一件是棉袄。葫芦娃有两件棉袄，都不是人送的，是小青网购的。小青生孩子后，特别不喜欢逛街，我的印象中是没有逛过一次街的，这让我有段时间担心她患上了自闭症。她喜欢宅，尤其喜欢网购，几乎什么都是网购的，连矿泉水和耳塞子都是网购的。据心理学家说，大肆网购是自闭症的一个状态。

两件葫芦娃的棉袄，质量绝对是一流的。小青给葫芦娃用的东西，绝对都是一流的。

有一次，有两本幼儿识字教材，小青特别喜欢，但是一套六册，是十年前的版本，早就断货了。小青把这个任务下达给我，我找到了广西那家出版社，又找到几家图书公司，甚至都快找到作者本人了，最后在孔夫子旧书网上，发现了这套教材。可是小青放弃了，原因是八成新，是别人读过的旧书，不清楚读过此书的孩子有没有什么疾病。

葫芦娃的棉袄百分之百是鹅绒的，所以分量特别轻，感觉会飞起来似的。价格应该相当贵，估计需要一千块吧，也绝对是一线品牌。小青网购有一个特点，都是知名的大名牌，她比较迷信大品牌。按照她的逻辑是，如果连大品牌都靠不住，那么其他的小品牌更不敢相信了。其实这个逻辑有点道理，也没有一点道理，因为如果假冒的话，肯定会冲着大品牌的吧？

两件棉袄一个款式，只是两种不同颜色，一件是浅蓝色的，一件就是粉红色的！粉红中偏一点水红！还配了粉红色的棉裤和一双粉红色的运动鞋。每次出门，丈母娘给他再系一条围巾，又是水红色的，上边有白色的圆点。

两件棉袄是轮换着穿的，但是那条水红色的围巾是不换的。穿上那件天蓝色的棉袄的时候，人们遇到了，是辨别不出性别的，所以大多数人都会问一句，是男孩子还是女孩子啊？我们都会很自豪地回答，是男孩子。一旦穿着粉红色的棉袄，大家问也不用问，直接冲着葫芦娃招手说“过来，小妹妹”。初冬的时候，葫芦娃只穿棉袄不穿棉裤，即使戴着一顶蓝色的帽子，还是被人统统地误会了。

被人误会了不明白多少次，开始我都是懒得纠正的。但是慢慢地，我开始告诉人家，这是个小弟弟或者是个小哥哥，少数人惊叹一声“男孩子怎么穿粉色的呢”，发出这声惊叹的，不仅仅是大人，还有五六岁的孩子。

连五六岁孩子，也有性别辨别能力，问题还是挺严重的。

多数人都会对我们说一声“对不起”。我不明白，不就认错了孩子的性别吗？一个小孩子的性别有那么重要吗？为什么要道歉呢？

我一直安慰自己，不要太在乎这个，孩子哪里明白自己穿的是什么啊。有几个人还记得小时候穿了什么呢？我能记住的，只有刺骨的寒风，因为即使在大雪纷飞中，别说穿什么了，根本就没有衣服可穿；我能记住的，还有人们的说法，有人对我说过，这么大个孩子，怎么还露出个小鸡鸡，或者这么大个孩子，怎么还流鼻涕啊。那种冷与那种羞耻，一直保持到了现在。

有那么几次，葫芦娃强烈要求穿那件粉红色的棉袄，我问他是男人还是女人的时候，他少数时候会回答，是女孩子。我很生气地强调说，记住你是男孩子，是男子汉。他听了，就很委屈。多数时候，他是迟疑不定的，也许他还不明白男孩子与女孩子的差别，或者他已经受到了人们不正确的评价的影响。

葫芦娃到现在上厕所，无论大小便都是坐着的。葫芦娃从来没有穿过开裆裤，不明白是出于什么考虑，反正小青做什么事儿都是深思熟虑的。也不明白这算是葫芦娃的骄傲呢，还是一个遗憾。

上海人把大便叫拉屉屉，把小便叫洒水水。小青为了葫芦娃拉屉屉与洒水水，同样买了专用“武器”——一个小乌龟式的坐便器摆放在大厅里，一个小青蛙式的小便器挂在墙上。葫芦娃不穿开裆裤子，每次大小便都要大人帮忙脱裤子，大人一旦没有及时帮他，他就会尿裤子了，所以到一岁的时候，还一直用着尿不湿。

照顾葫芦娃大小便的，多数时候都是小青与丈母娘。我慢慢地注意到一个细节，无论葫芦娃喊叫着要拉屉屉，还是要洒水水，无论丈母娘还是小青，两个都会把他按在小乌龟上。我不止一次提出抗议，说男孩子洒水水的时候还是站着比较好。丈母娘问，为什么呀？我说，大家都是这样啊。丈母娘说，站着的时候他会把尿撒在衣服上的。我说，葫芦娃如果习惯了，以后上厕所会遭到同学笑话的。

不管我怎么担心，小青都是沉默不语的。

她似乎有自己的考虑，还如从前一样，不愿意解释罢了。

关于葫芦娃的性别问题，我的担心其实还有很多。

我和小青都在上班，小青朝九晚五，我则经常要上夜班，很少有时间陪着他。葫芦娃大部分时间都是丈母娘拉扯，小时候睡觉跟着爸爸妈妈，三个月后就跟着外婆了，没有外婆就不能睡觉了。而且外婆也很依赖这个小家伙，没有这个小家伙就会失眠。外婆毕竟是一个女人，每天早晨起来要涂雪花膏，她把女人的那种生活习惯，延续到了葫芦娃的身上。比如每天早上洗完脸，也给葫芦娃涂上化妆品。

不知道什么原因，我天生就不喜欢化妆品，看到化妆品油腻腻的样子，哪怕是涂在再漂亮的女人身上，心里都非常不舒服，尤其闻不得化妆品的味道，每闻一次就反胃一次。所以，我非常反感爱吃口红的贾宝玉，觉得他根本不是男人。如果是男人想化妆的话，最好用泥巴抹在脸上，或者把牛粪擦在裤腿上。

丈母娘很多行事方式都是女性化的，这种言传身教会不会也在潜移默化着葫芦娃呢？

从葫芦娃出生之前，小青与丈母娘是想要个儿子的，她们是以生儿子为荣的。这些逆着性别的行为，不是为弥补没有女儿的缺憾，那到底是什么想法呢？我试探着问了几次，小青给出的大意是，不能让孩子遗憾！只有他还小的时候，可以穿点花枝招展的衣服，他一旦长大成人了，就再也不敢穿了。

我突然在想，衣服这东西真是奇怪，到底是谁规定的，又是从什么时候形成的，只有女人才能穿裙子，才能穿鲜艳的漂亮衣服呢？为什么男人不能穿漂亮的衣服呢？在动物界，孔雀的羽毛、天鹅的头冠，应该还有很多，为什么公的比母的更漂亮呢？难道是人类故意以这种方式来区别自己的高雅吗？如果说，这是方便男人在外劳作及与人交往，或者说是符合男性阳刚、女人阴柔的个性，那么母系氏族社会呢？

我思考的结果，恐怕都是大男子主义的思维，都是男权社会的一种偏见罢了。比如上厕所，女人必须蹲着，那是人体器官决定的，是没有选择余地的。但是男人呢？既可以站立，又可以蹲着，为什么偏偏选择了某种区别于女性的方式呢？这是在显示男人比女人尊贵吗？

我担心的，其实无外乎一点，男人不能娘娘腔，不能是个小白脸，不能穿得太过漂亮。但是，在中国的相术里，有一个很重要的理论，关于男人长着女人相，这是大富大贵之命。不要以为这是迷信，在现实中例子还真不少，古今中外许多成功男士，包括有些领袖人物，他们不仅长得秀气，气质里也有许多阴柔的一面。西晋著名文学家潘安，有着“美姿仪”之名，是最为典型的一例吧？还有一个理论，男人起个女性名字、女性起个男性名字，都会对一个人的人生产生不少的辐射。

过分阳刚是容易折断的，一味地阴柔自然会被欺负。

对一个人而言，是男是女并不重要，重要的是阴阳平衡地行走于天地间。或许这才是完美的吧？

第十五个故事

生命的恐惧

第十五个故事

生命的恐惧

也许是看病时被医生吓着了，葫芦娃对这个世界是充满恐惧的。

恐惧并非一出生就有。是葫芦娃满月的时候，还是他一百天的时候，我记得不是很清。小青有个朋友来看望葫芦娃，来者既是美女，又是“富婆”，据说家里房产至少三套，要么在南京路，要么在淮海路，都是繁华地段，房间里安了地暖，房子外还有大花园。从她出手之大方，这消息不会是虚的。她一见面就塞一个大红包，我们拆开一数，整整三千块。当时葫芦娃并不认生，不仅往人家怀里钻，还冲着人家使劲地笑，似乎是个小财迷，是冲着人家的钱去的。

他第一次对人如此亲热，第一次笑得这么起劲，弄得小青都有些吃醋了。小青连连说，这小子是个势利眼，长大肯定会嫌弃她这个妈的。

葫芦娃并非见了“富婆”才笑，起初无论到商场见到服务员，还是到菜市场见到摆摊的，只要是漂亮女人，他就会笑，而且小嘴一咧，咯咯地笑个不停。

葫芦娃第一次见了人哇哇大哭，是有两个朋友来家里。人家一对老夫妻，提着东西一进门，刚伸手要抱他的时候，他冲着人家就哭了，怎么哄也哄不住。我没有在场，不明白当时的情形，但是一个婴儿对谁笑对谁哭，自然是捕捉到了什么信息。我认为有些不祥，因为按照我们乡下的说法，婴儿个个都是预言家，能看到大人看不见的东西。

过了好久，那两个朋友相安无事，我才稍稍地放心了。

明白葫芦娃之所以见人家就哭，恐怕是人家穿了他不喜欢的衣服，或者是身上散发了与他不合适的气味。

随着葫芦娃慢慢长大，经历的事儿多了，恐惧情绪就与日俱增，一点都不喜欢出门，待在家里是生龙活虎的，一旦走出大门就蔫巴了，不但不敢说话，无论见到什么人，都会哇哇大哭，躲到我们的背后。如果碰到有人故意逗他，躲不开又跑不掉的，他则用手捂住自己的眼睛。

仔细一想，他恐惧的，似乎都是人，都是陌生的人。

除了人，在这个世界上，还有什么是值得恐惧的呢？

如果没有人，什么都不用害怕了。按说危险的应该是野兽，比如老虎，比如狼，是会吃人的。如今老虎把牙齿藏了起来，狼把皮脱了下来，不然被人看到了，会把老虎的牙齿拔掉，把狼的皮剥掉，拿去武装自己的牙齿与自己的皮。人在这个世界上，原来是最柔弱的动物，但是他们凭着自己的小狡猾，把野兽都关进了笼子，变成了自己的玩物。

似乎是婴儿看得更清楚，反而是我们这些成人更糊涂。

每次带葫芦娃出门，从坐电梯开始，他就慌慌张张地钻进我们的怀里。如果路上遇到了人，哪怕就是遇到了电梯里挂着的广告，广告上有人的照片——他是分不清人与照片的，都会大哭起来，挣扎着要逃跑。他不但躲避男人，还躲避女人，连漂亮的男人和女人、老人与孩子都统统地要躲避。

楼上有一位大爷，天天坐在一楼大厅，看门外的车来车往。每次我们从电梯出来，他高兴得不得了，似乎在沙漠中遇到了救星，会跑过来握着葫芦娃的手，摸摸葫芦娃的脸蛋子，那股子亲热劲，把我们都感染了，以为他是葫芦娃的亲爷爷。即使如此，葫芦娃一点都不给面子，每见一次就哭一次，眼泪流得稀里哗啦的。

直到这位老爷爷消失了，不明白是搬家了，还是出事了。

我们每天要带葫芦娃去健身广场，有时候是傍晚去，有时候是中午去。广场上总会聚集一群大人，抱着孩子在那里透透气，趁机聊聊天，比拼一下自家孩子的本事。谁家孩子会喊爸妈了，谁家孩子能吃主食了，谁家孩子出牙齿了，谁家孩子可以走路了，大家都会比拼一下。

我们葫芦娃什么都不比别人差，不但个头比人家高，说话呀走路呀都比同龄孩子要早上几个月，但是每次一到广场上，他总是远远地躲着，就连小伙伴也不靠近，不加入人家的游戏。广场上有几个摇摆机，其他孩子抢着闹着要坐，但是葫芦娃不愿意坐这个，永远都不愿意坐这个。

这些摇摆机，有的闪着幽蓝的光，有的睁着凶猛的眼睛，我们认为他不是害怕奇形怪状的东西，而是害怕与人争与人抢。有一次，葫芦娃走近了摇摆机，似乎想上去摸一摸，另外一个孩子冲过来说，这是他的，不许其他人碰。葫芦娃不生气，转身就让开了。等到葫芦娃能含糊表达自己的意志，丈母娘再要求他坐摇摆机的时候，他竟然说，给外婆省点钱，买菜去吧。

葫芦娃的想法，比较符合我们大人的想法，别人家小孩子一坐到摇摆机上，就闹着不肯下来了，据说在上边一天要花五块钱。这点钱对于现在的父母不算什么，但是孩子坐在上边摇来摇去，有什么实质性的意义呢？

不像一棵树，随风摇一摇就绿了。

人是永远不会绿的，所以也不需要摇晃。

葫芦娃在外边怕人、躲人，但是从来不怕动物。

我们楼下，常年驻守着几只流浪猫，一只白色的，一只黑色的，后来又生了一群小花猫。每次出门时，葫芦娃都会“咪咪”地呼唤几声。等他学会走路，就冲到花坛里，蹲在地上呵呵地逗猫玩，有时候摸摸它们的尾巴，有时候给它们喂点吃的。

在小区别墅里，有很多人家养狗，不是小个子泰迪，也不是温驯的拉布拉多，而是看家护院的狼狗。无论有个什么风吹草动，它们就狂叫不已，吐出它们的舌头，亮出它们的牙齿，凶猛地扑到栅栏边上。

我带着葫芦娃去花园里散步，都会远远地绕开，生怕它们跳出来伤了我们。有一段时间我太忙，很少带葫芦娃外出，不明白他最终是怎么征服这群狼狗的。他不但不怕它们，而且有意跑到人家的院子边，和它们说话。

有一户人家，在院子里养着一只纯黑色的狼狗，眼睛水汪汪的向外凸着，看上去很凶残的样子。葫芦娃给它起了个名字，叫小黑，每次从旁边经过，他一呼唤小黑，这只狗就会跑到栅栏边上，欢快地摇着尾巴。我没有看见葫芦娃给它喂过东西，也没有看到他用其他什么讨好过它，但是他与它似乎很熟悉，亲热得就像自己家的狗。

我判断，让它放下了它的兽性，成为葫芦娃的好朋友，原因是它太孤单了。它整天被拴在那个院子里，没有几个人与它说话，也没有同类与它玩耍，所以它根本不在乎吃。它有吃不完的东西。最终是孤独改变了它，让它忘记了自己的天性。

有一次，葫芦娃隔着栅栏与小黑玩耍的时候，有个漂亮的女人出现在院子里。她应该就是这条狗的主人。她笑着走过来，还没有和葫芦娃搭话呢，葫芦娃已经撒腿跑掉了。葫芦娃不害怕一条狗，却害怕一条狗的主人。

我们带葫芦娃去逛动物园，还是他非常小的时候。那时候他刚会走路，非常奇怪，第一次去，他见了人还是会躲，还是会哭。无奈，我们只好等参观的高峰过了，专挑一些无人的场馆，带着葫芦娃去。葫芦娃无论看到老虎还是狮子，在咆哮着，在嘶鸣着，甚至扑过来，他一点都不担心，高兴地哇哇大叫。尤其看到猴子们，他会高兴得咯咯地笑，看到一群白鸽子落在草坪上，他会追着它们四散逃跑。

他最喜欢的是爬树，动物园里的树比大街上的树不但茂密，而且叶子与枝干都长得奇特，有些大榕树长成了歪脖子，有些不知名的树还长成了怪物，但是不管见到什么样的树，大大小小的树，他就会冲过去，在树下转圈子，转完了圈子还想爬上去。

我不明白，他是怎么判断出人与动物、人与植物的差别的，直到现在我也很难分清，什么是动物和植物，什么又是人。

葫芦娃恐怕不会凭着动物被关在笼子里、植物站在原地不动，做出友好的判断的。在他幼小的眼睛中，是没有笼子没有动静这些概念的。

恐怕他看到了，动物虽然有皮毛，植物虽然有叶子，都是没有表情的，都是没有化装的，都是没有面具的，都是没有穿衣服的。

而人不一样，表情十分复杂，有时候笑，有时候怒，有时候愤。他们个个都穿着衣服。衣服可以轻易脱下来，也可以轻易再换一件。

衣服都是千变万化的，不但人与人之间花色款式不同，同一个人穿在身上的也变幻莫测。

人们似乎时时刻刻都在伪装着什么。

动物在生命受到威胁的时候才伪装一下。

植物从开放到凋零一概是没有丝毫伪装的。

这个世上最多的就是人了，人比天上的星星多多了。想生在这个世上，不见人那是万万没有出息的，为了练练葫芦娃的胆量，每到周末我们就带他去人潮涌动的商场。葫芦娃自然不喜欢逛商场，按说商场里什么东西都有，有儿童乐园，有各种吃喝，也有各种灯光。但是每次还没有走进大门，他就使劲地挣扎着，死活不愿意进去。饭店不进去，儿童乐园也不愿意进去。

开始我们以为，他把商场误会成了医院，把服务员当成了医生与护士，把那些商品柜台当成了病床。

特别是拥挤不堪的人流，都被他当成了病人。

他在医院里受尽了折磨，于是在医院和商场之间画上等号，也是自然的事儿。何况商场与医院，在平常人眼里，表面是不同的，实质是完全一样的。

人去医院为了治愈疼痛，那是看身体上的病。

人去商场为了获得满足，那是看精神上的病。

我们带葫芦娃去商场，多数时候是为了吃饭，第一次是强行把他抱进去的，他不仅哇哇大哭，还到处乱撞。在饭店里，他喜欢吃的和家里一样，仍是蛤蜊炖蛋、酒酿圆子之类的。不过，他还是最怕人，特别是服务员上菜过来，他都会被吓得直哆嗦。在他眼里，穿着统一服装的服务员是最厉害的。

我们隔三差五去一趟，无论多么熟悉的饭店、多么熟悉的服务员，他还是一直害怕他们，不过害怕的程度在一点点减轻。

每次吃饭，他都会把饭桌搞得一团糟，要么把盘子掀翻了，要么把勺子打碎了，或者干脆把手伸进汤里。碰到这种情况，我们会抓住他的弱点，指着服务员警告他，再不老实的话，叔叔阿姨会把他赶出去。拿服务员来吓唬他，总是那么有效。服务员再配合一下，说你乖一点呵。他果然会安静下来。看到服务员一走远，他还会变本加厉的。

我们去商场花了不少血本，什么好吃的都点过，可惜葫芦娃自小起，不管大人怎么山珍海味，他仍然只有几样：一是煮萝卜，二是嫩豆腐或者炖蛋，三是大米粥，后来还吃点面条与圆子，都是些不值钱的东西，他却吃得津津有味。

到商场逛得多了，他不再恐惧商场了，对人流似乎也不太在乎了，我们便又在商场里办了儿童游乐卡，希望他能融入小朋友之中。

办完卡，第一次还是一样，什么地方没有人，他就往什么地方跑；什么地方不好玩，他就往什么地方钻。比如，在门口摆着一个算盘式的广告牌，他就非常喜欢在那里打算盘。我强行把他按到一个黑米做成的“沙滩”，他哭闹了半天；连哄带骗地把他拉进游戏区，无论是旋转木马还是滑梯，只要有一个孩子在，他就不愿意参与，有一个人靠近，他就赶紧躲开了。

有一辆三轮车，葫芦娃特别喜欢，当他正骑着呢，有小朋友很强势地冲过来，说这是他骑的。葫芦娃不等人家抢，自己主动让开了。开始我以为是他胆小，后来有那么几次去公园，我给他买了气球或者是大风车，有小朋友羡慕地跑过来时，他也会把属于自己的东西拱手相送。

他其实不是胆小，而是一种气度，一种与人共享的气度。

我们都活了一把年纪，不见得有这样的气度。他这点性格，似乎不是弱点，而是一种善良，有着遗传因素的善良。

我的父亲，他的爷爷，就是一位这么善良的人，一辈子不与人争、不与人抢，好多东西别人要，他就拱手相让。但是上苍似乎是公平的，与他争过抢过的人，一个个都先他而去了。他们曾经争过的、抢过的，包括房子、几棵果树、一片山林、几亩薄田、一个女人，样样都还了回来。

我很欣赏葫芦娃的这种善良，因为有很多美丽的东西，比如一朵花，是你的还是我的，其实是无所谓的，香味大家都能闻得到，美丽每个人都会看得见。

葫芦娃不但对人恐惧，对人制造的一些机器也恐惧，最为突出的就是汽车了。当他从停着的汽车边走过，都要绕得远远的，似乎汽车都长了嘴巴，会扑上来咬他一口。

为了继续练练他的胆量，我总会走上前，拍拍人家的汽车。即便如此他还是一样，一点都不敢靠近。我们去停车场的路边，停了一辆大型拖拉机，驾驶室一直是敞开的，每次经过的时候，我都会使劲地踢几下它的大轮胎，然后爬上拖拉机的驾驶室，给葫芦娃进行示范。我希望让他明白，这个大家伙一点也不危险，其实就是一只生了锈的病猫。

我想让葫芦娃学学我，欺负一下拖拉机，或者爬上拖拉机，都是无济于事的。我强行把他抱上去，按在拖拉机上，他照样会被吓得大哭大闹。汽车是人开的，人在汽车里装着，也许葫芦娃还不能把人与汽车分开。何况有了人，汽车就跑得飞快，自然更应该恐惧了。

有一阵子，我把这归罪于教育。丈母娘带他从汽车旁经过的时候，都要叮嘱他，不要碰人家的汽车，把人家汽车碰坏了，不但要赔钱，还要被抓起来的。

后来想了想，这种教育没有什么不好，人类发明了汽车，似乎干什么都快了，但是人活着为什么要快呢？古代的时候赶着马车，多环保多浪漫啊。关键是，汽车一旦与人鬼混在一起，就成了危险分子。我的哥哥就死在车轮下，我的大姐因为汽车而落下了残疾，还有雾霾，大部分是汽车排放的毒气。

从小让葫芦娃恐惧汽车，甚至是厌恶汽车，不能不说是一件好事儿。

有一个周末，我们带葫芦娃去车展，心想那里的汽车更多更大，试着让葫芦娃开开眼界。葫芦娃刚刚学会走路，看到人在黑洞洞的展厅里，像蚂蚁一样拥来拥去，刚来到入口处还没有进行安检呢，他就挣脱掉了，朝着外边跑。这个展览馆确实有些阴森，说得不好听，有点像我参观过的陵墓，更像外国电影里的异形，在一片空地上蠕动着，把人源源不断地吞进去，连骨头也没有吐出来。

里边没有一点自然光，处处爆发出混沌不堪的音乐，加上激烈的灯光和疯狂的造型，营造了一种白垩纪时代的气氛。展览的汽车着实更加凶猛，有大吊车，有大卡车，有油罐车，有挖掘机，有些汽车轮胎比人还高，可以躺在轮胎里睡觉了。有一辆汽车，有十六个轮胎，像一只大蜈蚣。当然还有迷你汽车像电动玩具，有高级的超跑车像宇宙飞船。看得我们大人都是目瞪口呆，大部分孩子也是玩得十分刺激，只有葫芦娃一直在哭闹，连摸一下都不敢。

他干的惟一最开心的事情，是对着巨大的轮胎撒尿。

看到葫芦娃如此受罪，我们只参观了半个展厅就匆匆结束了。走出展厅，葫芦娃也许被吓坏了，也许是太累了，沉沉地睡着了。一路上，我把葫芦娃抱在怀里，丈母娘不停地给他扇着凉风，小青则心疼地站在一边，不时地拿出湿巾纸给他擦汗。

丈母娘说，孩子这么胆小，以后上学会成问题。社区正好办了个早教班，我们便报了名，有一天早上九点，我与小青带着葫芦娃跑到幼儿园，还没有进门呢，他果然撒腿就跑。连哄带骗地把他拉进了大铁门，他又死活不进教室，不愿意参加任何一项游戏，而是独自一个人跑到院子里，盯着地上的蚂蚁，追追花蕊上的蝴蝶。什么地方没有一个人，他就喜欢待在什么地方。他一个人待在那里，也是不安分的，说明他不是孤僻，也不是孤独。

孤僻与孤独的人是静止的，但是葫芦娃却是好动的，一刻都不愿意停下来。

所以说，他还是对人产生了恐惧而已。

我在图书馆查资料的时候，很喜欢带着葫芦娃去。一是想让他再锻炼一下，二是想让他沾沾文化气息。葫芦娃第一次去图书馆，是坐在儿童椅上被推着的，让我非常吃惊的是，也许比较安静，埋头读书的人与其他任何公共场所的人是不同的，他竟然一点都没有胆怯，一点都没有哭。他似乎天生就是书虫，十分喜欢这个迷宫一般的地方。我推着他，在书柜之间疯狂地穿越着，他有时候趁着我不注意，从书架上抽出一本书，或者是一下子掀翻一排书。

他还会盯着美丽的图书管理员笑。我一点都不夸张，他坐在儿童椅里，吮着自己的手指头，偏着头，有点像霍金的姿势，色眯眯地对着管理员笑。

我拍过一张照片发给了小青，小青也是这么认为的。他似乎明白这是成人图书馆，是不欢迎他这样的婴儿的，所以他以笑讨好人家。对他弄翻了人家的书，时不时地发出尖叫，美丽的图书管理员看到他的笑，都给予了容忍，甚至还走上来，摸了摸他的脸蛋子，逗着他玩了一会儿。

由于他喜欢这个地方，我隔三差五就带他来一次。后来，去的次数多了，他也长大了，我查看一些文学书籍，则任由他在这个迷宫里窜来窜去。他特别喜欢把一本本杂志从架子上抽出来去撕。我认为，对于一个婴儿，一个不识字的婴儿，那是他读书的方式而已，或者是他爱书的方式而已。在如此浓郁的书香中，不让他撕书，能让他干什么呢？

终于惹恼了一名男图书管理员。他说，儿童请上楼吧，楼上有玩具图书馆。我们被赶出来后，在另一层楼里果然找到了儿童图书馆，说白了，不是图书馆，而是一个游乐场。葫芦娃又换了个人似的，一点精神都没有，开始离群索居，喜欢一个人在没有人的地方疯跑。

仅仅害怕汽车不算什么，害怕怪物我们也认了。如果一直害怕人，不愿意与人接近，那是非常苦恼的。所以，在与一些朋友会面时，我们千方百计地带着他，虽然这非常吃力，又非常不礼貌。但是仔细想想，朋友连你的孩子都不尊重的话，还有什么品格值得你去交往呢？

我童年最甜蜜的回忆，都是与母亲一起走亲戚有关的。一次是去小姨家，翻过一座大山的时候，竟然有个人背着我——从来没有人背过我，当我骑在别人脖子上的时候，那是非常自豪而幸福的，可惜的是在我的人生中，能记得的仅有一次这样的时光。父亲没有背过我，母亲没有背过我。据邻居告诉我，还不记事的时候，只有大姐背着我，站在学校的窗外，伸着脖子听人家念书。另一次，是与母亲一起去姑姑家。姑姑家房后有一棵桃树，上边结了又红又密的水蜜桃，姑姑见到了我之后，立马从树上摘了几个，塞进我的怀里。通过对孩子的尊重与礼遇，表示对大人的尊重与亲近，在我们乡下无论走亲戚还是串门子，喜欢带着最小的孩子，也许就是这个道理吧。

带着葫芦娃会见的第一个朋友，是我在北京进修时的同学，而且是女同学。按说女人会更喜欢孩子，而这个女同学四十多了，还一直没有嫁人。没有嫁人的老姑娘，一般情况下是不喜欢孩子的，甚至是讨厌孩子的。孩子会戳到人家的痛处，让她们觉得一把年纪还没有做母亲是比较尴尬的。女同学来自大连，来得十分匆忙，我带着葫芦娃去请人家吃饭似乎是非常冒险的。葫芦娃哭闹不止就算了，一旦把饭桌给掀掉了那该怎么办呢？

那是个周末，而且春光明媚，小青很想去公园，见我突然有个约会，她有些不高兴了。我说，一起吧。小青说，谁当电灯泡啊。她不去，我带上葫芦娃也是让她不要生疑。

我开着车去了田林路，田林路有一所大学，绿树成荫，十分幽静。

当我忐忑不安地停下车，发现葫芦娃竟然睡着了。如果请同学吃饭的过程中，他能够安安静静地睡一觉那是多么理想啊。

我拍了拍儿子的小脸蛋，得意地笑了。

可是，当车一停下来，葫芦娃眨巴着眼睛就醒了。我给他唱摇篮曲，给他扇着凉风，都无济于事。在一家老上海饭店里，我抱着葫芦娃见到了同学。同学看到孩子果然十分意外，很明显有点手足无措。

葫芦娃坐在桌子上，没有像平常在家里那样，把碗摔在地板上，用勺子敲着桌面，伸手去抓盘子里的菜。而是喂什么东西他都不张嘴，要么躲在我的背后，要么用手捂着自己的眼睛，从指缝间偷偷地打量着面前的陌生人。

菜点了不少，红烧狮子头、扬州三丝、油炸小黄鱼、酱爆鹅肝。但是两个人对面坐着，目光都在葫芦娃的身上，已经无心吃饭了。正在十分尴尬的时候，一个服务员走了过来。她似乎很会哄孩子开心，一会儿从身上掏出一个糖果，一会儿又掏出一个小小的汽车模型，把葫芦娃一下子哄得团团转。

葫芦娃一开心，就显摆自己的功夫。他的功夫就是背诵古诗。

他冲着服务员阿姨，抑扬顿挫地来了一句：笑问客从何处来。

服务员阿姨很吃惊，于是一把把他揽进怀里问，你还会朗诵什么？葫芦娃又一本正经地朗诵了《三字经》。那时候，葫芦娃可以背诵一大半《三字经》了。服务员阿姨听着听着，一下子竟然哭了。服务员说，她儿子与葫芦娃一般大小，当时还不会说话呢。

同学说，我这个朋友是个作家。服务员说，难怪了，你们有文化，把孩子教得这样聪明，我们怎么办啊？我说，说话有早有晚，这说明不了什么，平时多教教就会了。

也许觉得我不容易，会朋友还带着孩子，加上真心喜欢葫芦娃，她于是一边招呼客人一边帮我带着葫芦娃。而且葫芦娃可能闻到了一位母亲身上的特殊气息，不但不害怕这位阿姨，还主动跟在人家后边屁颠颠地跑。这位服务员有了空闲，就牵着葫芦娃去楼上玩耍，直到我陪着同学吃完了饭。离开饭店的时候，葫芦娃竟然乐不思蜀，有些依依不舍了。

我干脆说，认个干妈吧。

服务员说，真的吗？要有这么聪明的儿子那真是太有福气了。

有这么个儿子真是太有福气了。这也是小青常常挂在嘴边的话。

还有一次聚会，是参加我们同事的婚礼。我事前想，在有糖果有气球的环境里，葫芦娃应该也会被感染的。那天外边下着小雨，一路上他都十分安静，有时候甚至说是兴奋的，他似乎明白要参加婚礼一般。把车停在地下车库，直接搭乘电梯上了五楼，当电梯门一开，我抱着他正准备上前与新郎新娘合影，葫芦娃却哇的一声哭了。

他一边哭一边大叫“上妈妈的车”。

婚礼是在五星级酒店举行的，在宽大的走廊里摆着奶酪、饼干和面包，还有现煮咖啡与红酒。几名穿着礼服的侍者，手中的托盘上放着茶杯与高脚杯，杯子里准备好了热咖啡与红酒；走廊另一端并排坐着四个美少女，清一色地穿着白色长裙，每人手中一把乐器，有大提琴与小提琴，循环演奏着甜蜜的爱情曲。客人们三五成群地站着，一边喝着咖啡或者是抿着红酒，在淡淡地聊着天。

葫芦娃却大声地哭了，是见到新郎新娘后哭的。

我赶紧抱着葫芦娃，重新钻进了电梯，把他带到了一楼。

这家位于淮海路上的五星级酒店，更加高档而气派，无论是大厅里，还是走廊里，到处都展示着绘画和雕塑。我希望这些艺术品能吸引葫芦娃的注意力。可在他的眼里，世界上任何东西都是一样的，垃圾与艺术品是一样的，废物与雕塑是一样的。他无视人类创造的一切，一边闹着要回车上去，一边到处乱撞寻找出口。

我把他带出大门。雨还在下着，他一下子冲进了雨里。我给小青打电话，希望她能安慰一下葫芦娃，但是她在电话里的话同样是无效的。大约周旋了半个小时，我还是把他拖进了电梯。当我们走出电梯的时候，有一位朋友递上来一瓶酸奶，这正是葫芦娃平常的最爱。葫芦娃抱着一瓶酸奶安静了。

从哭，到躲，到闹，到走下餐桌满场疯跑，再和其他小朋友一起玩耍，葫芦娃逐步放开了，到婚礼结束的时候，他竟然主动去找旁边的一位叔叔，这种跨越式的转变不明白他是怎么做到的。

原以为，闪烁的灯光、红色的地毯、T 字形的舞台、冒着泡沫的香槟，还有一对新人的热吻，对葫芦娃都没有意义。

但是晚上回到家的时候，葫芦娃仍不愿意睡觉。他扑进小青的怀里问，什么是结婚啊？

小青回答他说，就是相亲相爱的人住在一起。

葫芦娃说，我们都住在一起算结婚吗？

小青笑了笑说，爸爸与妈妈结婚之后就有了你，我们是相亲相爱的一家人。

葫芦娃还不满一岁，就得到了一次出国的机会。

那年夏天，我有一次去新加坡度假的机会，便与小青一起带上了葫芦娃。带着葫芦娃肯定不会轻松，但是乐意让他去外边见识一下。虽然对他来说，世界是大同的，是没有边界之分的。但是小青觉得，国外的饮食、国外的风、国外的人，应该是不一样的。

我们给葫芦娃拍了大头照，在公安局办了一本护照。

这么小就有一本护照，我们觉得很有纪念意义。

我十六岁之前，几乎是一张白纸，念书得了很多奖状，原来都是贴在墙上的，随着翻修房子时把墙推倒，奖状自然一张都没有留下，还有上学时候的作业本、作文本、毛笔字、课本，都被父亲用来生火做饭了。让我失落的是，在初中毕业前，都没有拍过一张照片，初中毕业拍过一张合影，根本没有落到我的手中，更没有身份证、学生证之类的纪念品。

似乎那个年代，无需证明自己是谁，是从哪里来的，是什么身份。

有一次，要把农民户口转成商品粮户口，在乡政府开户口迁移证明的时候，是没有任何档案可查的，你叫什么名字，你何年何月出生，你的父母到底是谁，你家住哪个乡哪个村，全凭着自己信口开河。

我那时胆子小，一切据实上报。有些同学就不一样，转完户口之后，他们一个个都变了，名字改得好听了，属相改成了吉祥物，连农民父亲的身份也改掉了。有个女同学原叫余淑珍，她改成了余瑶。有个男同学原叫桂吉平，他改成了桂林。有个女同学明明属鼠的，她嫌弃老鼠长得丑，又那么恶心，便改成了属牛的。

最离谱的，有一个叫王成贵的男同学，他对堂弟王成全恨得咬牙切齿，因为堂弟王成全的老爸，也就是王成贵的叔叔，在北京当兵，回来探亲的时候，带了好多糖果。王成全一会儿剥一个咕噜噜地含在嘴里，一会儿色眯眯地送一个给女同学。王成全还有一个红五星，总是气势汹汹地别在自己的胸口上。王成贵问，这个红五星是铁的还是金子的？王成全说，你管呢！王成贵说，让我摸一下吧。王成全说，想得美。王成贵考上了学，要转商品粮户口的时候，把自己的名字王成贵改成了王成全，把自己的父亲换成了王成全的父亲，把父亲的职业干脆说成了“解放军”。于是，我有两个同学都叫王成全，如今一个在中医院当上了副院长，一个仍在农村经营着一家杂货铺。

所以，我不明白自己小时候长什么样子，有许许多多的光荣历史也没有一点证据，比如有一年终考，总共五门课程，我考了一个九十分，四个一百分。

葫芦娃就不一样了，小青测过的早早孕试纸，以及胎监时的曲线图，还有葫芦娃各个时期的照片，坐车的、洗澡的、玩旋转木马的，甚至他的胎毛——第一次理下来的头发，我们都用塑料袋子保存着。

纪念性的东西太多了，不明白是一种幸福，还是一种负担。

在新加坡那几天，我有公务活动，要去渣打银行座谈，还要参与一个长跑。小青与葫芦娃仅仅外出了三次，一次是去夜游动物园，一次是去坐摩天轮，一次是我们自由行动，参观了狮头鱼尾像。除此之外，他们几乎全部待在酒店里。新加坡十分炎热，待在酒店里才是最舒服的。

小青还是十分兴奋，葫芦娃也十分开心，母子两个最喜欢做的，是坐在酒店的落地窗前，静静地看着外边。

下雨了，葫芦娃就指着窗外说，妈妈，有小雨滴了。

公交车开过的时候，葫芦娃就指着马路说，妈妈，大汽车来了。

小青最在乎的是一日三餐，两顿饭在酒店里吃，是十分丰盛的自助餐。餐厅环境十分优雅，一直放着舒缓的钢琴曲。餐厅直接通向后花园，后花园里有小桥流水，水里有成群的鲤鱼，也有茂盛的植物。

新加坡是没有飞虫的，也许是太热了，或者是太干净了，所以没有见到蝴蝶，也没有苍蝇与蚊子。

在新加坡那几天，我们没有遇到一只蚊子，直到在回国的飞机上，才看到了一只，想必也是从国内来的，如今也要回国了。

小青带着葫芦娃，从七点坐到餐厅，一直会吃到十点。其实也不是吃，是葫芦娃一个人闹着玩，他会把咖喱饭抓在手心，像玩陶艺一般地捏来捏去；会把桌子上的盘子与杯子，当成打击乐器，拿着勺子使劲地敲。我不忍心看下去，或者有事儿要处理，就提前回房间了。到了十点多，我会重新回到餐厅，给葫芦娃收拾烂摊子。

具体的情况是，地毯上落满了食物，有半块馒头，有一只包子，有土豆泥，而他身上的衣服，全被咖喱呀白粥呀，搞得不成样子，脸蛋上脖子里什么都有。尤其是桌子上，起码有两三个碗、四五个玻璃杯子，有的只吃了几口，有的一丝未动，里边被加入了别的东西。白色的桌布，被橘子汁、牛奶和浓汤，染得五颜六色。

我责怪小青，为什么不管管他？

小青委屈地说，怎么管？他不肯走啊。

在这种高档的自助餐厅里，浪费被视为极不文明的行为。

服务员面无表情，不干涉也不清理，最后都不好意思朝这边看上一眼。

我内疚地跪在地板上，开始一点一点地收拾，服务员或许有点尴尬，才上来阻止我。我没有听从他们的阻止，用自带的餐巾纸，把地板收拾干净，再把桌面齐齐地收拾干净。

服务员无奈，叫来了餐厅的经理。

我对经理连连地说，斯密马森！斯密马森！

经理回答我说，阿里嘎多，阿里嘎多。

我的行为得到了餐厅客人的原谅，纷纷地对我点头致意。

什么是文明呢？葫芦娃这种大闹餐厅的行为，放在一个成人身上，应该是极度不文明的，是没有教养的象征。但他还是个孩子，一个孩子就跟一只蝴蝶一样，不受任何常识、道德和文化的影响。他想干什么，他从哪里来，他想去哪里，统统是不明白的。在他心里，食物是什么？浪费是什么？文雅是什么？统统是一锅糨糊而已。

对成人来说，餐厅是用餐来的。

对孩子来说，餐厅就是个有趣的乐园。

新加坡的夜间动物园，据说亚洲最大，所以人山人海，排队花去了一个多小时。大家坐着观光车，在漆黑的树林里缓缓前行，光是幽蓝的，动物们是模糊的。能听到游客的欢呼声，说是长颈鹿，说是老虎，说是狮子。我抬眼望过去，辨别好半天，只能看到一个影子，有的晃荡着，有的伏在地上，还不如欣赏它们的照片。有时候大家欢呼声很大，其实什么也没有看清楚，我们只能靠着自己的想象。

大人们都是靠着想象力来夜游的。

葫芦娃一直打不起精神，我与小青指指点点，希望他能看到点什么，但是他什么反应也没有。连动物们在白天是什么样子，他还没有搞清楚呢，何况是在漆黑的晚上。不明白婴儿有没有想象力，反正一个多小时的游览中，他只说了三句话，只有一个词，那就是“灯光”。

除了黑黑的夜色之外，他只看到了人造的灯光。

除了黑黑的夜色之外，其实我们看到的也是幽暗的灯光。

倒数第二天，在滨海步道有一场豪华的会餐。考虑到葫芦娃可能会闹，我建议我们不参加，但是朋友们一再坚持。聚餐的时候，葫芦娃果然大吵大闹，我与小青几乎未动筷子，即使如此也是十分吃力的。一是万般无奈，二是心疼小青，我把葫芦娃抱走了。

那天的新加坡，比往常更加美丽，除了火树银花，还有蓝色的海浪。我抱着葫芦娃，在海边来来回回地走，一直走到了黄昏时分，天边升起一轮皎洁的圆月。

葫芦娃慢慢地钻在我的怀里睡着了。我抱着葫芦娃坐在海边，抬头看着挂在楼顶的月儿，着实比中国要亮要圆。恐怕都是天空的原因，新加坡的天空是透明的，像一块蓝色的玻璃。

小青顺着海边找到了我们，与我依偎在异国他乡，看着睡得香甜的儿子，感觉那风竟然是凉爽的。

这样的时光还有一次，是在参观狮头鱼尾像的时候，刚刚还是晴空万里，一会儿却下起了滂沱大雨。据当地人说，这是新加坡的常态，他们从来没有一个完整的晴天，也没有一个完整的雨天。

狮头鱼尾像，在我看来，并没有什么了不起，能与鹿角、牛头、驴嘴、虾眼、象耳、鱼鳞、人须、蛇腹、凤足的中国龙相比吗？我嗤之以鼻之时，可能惹来了天怒，一阵乌云压顶，哗哗啦啦地下起了暴雨，有一丝要杀要剐请随便的痛快。我们逃到旁边的桥洞里，桥洞下边全是避雨的人，放了几张桌子，开了一家冷饮店，还有洗手间与小卖部，人们干脆坐下来喝上一杯。桥面上的雨水，顺着四周流下来，形成了一个瀑布，有点水帘洞的味道。

葫芦娃贪玩了一会儿开始午睡，打起了细微的呼噜，中间还磨过两次牙，嘿嘿地说过一次梦话。我不明白这么小个孩子，在他的梦里都有什么，会不会只有三个人，一个自己，一个妈妈，一个爸爸，像是生活在蓝色的真空中。

四周人流涌动，来自五湖四海，带着不同的语言、不同的皮肤、不同的个性，都是陌生的，陌生得宛如并不存在。所以此时此刻的世界只有三个人。

除了人，还有鸽子。有一只白色的鸽子不时地飞到地面上，飞到桌面上，啄食游客点来的冷饮和点心。游客看了，也不赶它，还静静地等着，似乎生怕吓着了它。

我忽然发现，它是一只残疾的鸽子，靠着一条腿在走路。这难道就是人们不赶它的原因吗？我想应该不是的。人们把它当成了时光，拥有一只鸽子的时光是悠闲的，也是安静的。葫芦娃醒来时，一眼就注意到了这只鸽子。他跑过去，追着它玩。它仍然跳跃在他的周围，没有把他当成一种危险的存在。

它已经习惯了与人融洽地生活。

回国的时候，葫芦娃变化很大，最大的变化是身处公共场所时，可以自由自在地狂奔了。在新加坡机场，小青给葫芦娃专门购买了一只米老鼠。他从未如此热爱过一只玩具，或许他热爱的不是玩具，是这只玩具诞生的地方。

葫芦娃抱着米老鼠，在新加坡宽敞明亮的机场里使劲地疯。他一边疯一边使劲地呼唤着“妈妈”。这呼唤声很大，很清楚，很明亮，使整个机场都听到了。

人们看着他笑，有人还走过来，可爱地摸了摸他的头。他们并不把这种声音当成干扰，当成噪音——任何呼唤妈妈的声音，都不会成为噪音。

另一个变化，是葫芦娃对我们家中三个人的态度，之前最依赖的是我，第二个是外婆，第三个才是妈妈。但是出国了一次，一切都发生了逆转，小青成了他最大的依赖。我不明白这种依赖是怎么形成的，反正不会是天生的。在新加坡的最后几天，他不允许小青离开他，一旦看不到小青，他就会不安，就会大哭。

这种状态从此一直延续了下来，有妈妈存在的地方就是最安全的地方。

我们小区里有一个老年活动室，不但有图书杂志，还有棋牌室与乒乓球室。从新加坡回来，我带葫芦娃去下棋，带葫芦娃去看人家打乒乓球，他的情绪似乎都很高，而且只怕同龄的孩子，已经不怕成人了，尤其不怕老人了。

他站在旁边看人下棋的时候，总是莫名其妙地朝着人家竖起大拇指，这是他夸奖人的办法；他跑到背后看人打乒乓球的时候，总是不停地朝着人家拍手，这是他给人加油的方式。看到他竖起大拇指或者是拍手的时候，那群爷爷奶奶们就十分高兴，有时候太高兴了，干脆把棋子递给他，让他保管着，把乒乓球递给他，让他摸一摸。

有一次，葫芦娃对我说，我能打乒乓球吗？

说不定葫芦娃真会从此开始，成为世界冠军。

当然，这都是为父的一个美好愿望罢了。任何一个孩子都是在美好的愿望中长大的，不过随着越长越大，他们便会离愿望越来越远，这就是现实，也是人生。

第十六个故事

什么是死的

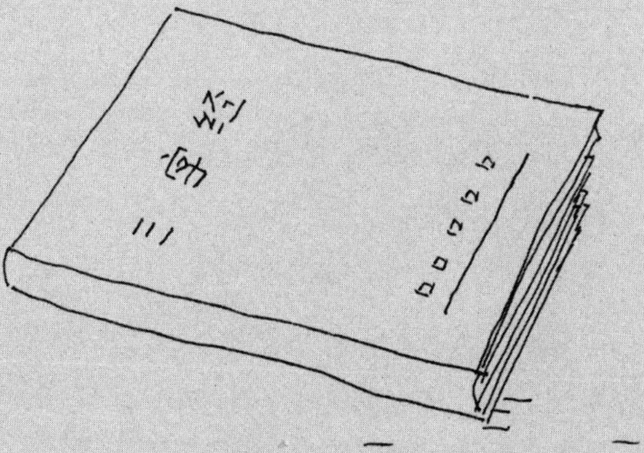

第十六个故事

什么是死的

我问小青，你从哪一天开始教葫芦娃识字的？

小青很神秘地回答，谁教过他？他是无师自通的。

我忽然发现，到葫芦娃快满周岁的时候，他能念的古诗词几乎要超过我这个老爸了。

识字是从说话起步的。也许是“爸爸”发音比较简洁，葫芦娃开始会说的第一句话，不是喊叫“妈妈”，也不是喊叫“外婆”，而是喊叫“爸爸”。他把“爸爸”两个字喊得十分娇嫩，每次听到这两个字的时候，我的心都会随之狂跳，像有人站在台上突然宣布，我获得了诺贝尔奖似的，总觉得这是全世界对我的承认。

不过，慢慢地，我就有些内疚了。

自从有了葫芦娃，小青从没有睡过一个囫囵觉，没有认认真真吃过一顿饭。每次哄葫芦娃吃完饭，她自己的饭早就凉了，而且简单地扒几口，又要由着他，满屋子骑马，搭积木。尤其晚上，小青一下班，等吃完了饭，就开始给葫芦娃洗衣服，给葫芦娃消毒碗筷，给葫芦娃熬粥，给葫芦娃榨苹果泥。还要烧开水，家里五六壶开水每天都是新烧的，光这项家务就要花费半个小时。这之间，她还抽空把大厅与厨房拖一遍，把葫芦娃散落的玩具一件件复原，把各类物品统统归类，沙发也要弄得整整齐齐的。

葫芦娃每天醒来之后，面对的都是一个重新开始的世界。

我们上班之后，就丈母娘一个人留在家里，带着这么个小屁孩子，必须寸步不离地跟着，不然会惹出一堆乱子。葫芦娃是精力无穷的，在家一直飞奔，一直上蹿下跳，折腾得丈母娘往往没有时间喝水。

葫芦娃平生喊叫的第一个人，不是两个最最辛苦劳累的人，反而是我这个总不着家的人。于是，每次葫芦娃喊叫“爸爸”时，我都会教他如何喊叫“妈妈”。这么反复了好一阵子，也许是教的效果，也许是孩子长大了，一步步开始喊叫“妈妈”了。

葫芦娃喊叫第一声“妈妈”的时候，小青正推门下班。她冲过去抱起葫芦娃，又是亲又是搂的，感动得热泪盈眶。

葫芦娃能喊叫“外婆”差不多快一岁了，这让外婆有一阵子特别吃醋，说这孩子忘恩负义。说归这么说，心里还是挺开心的。

随着孩子越长越大，似乎有些明白事理了，关系一步步颠倒了过来，从喊叫妈妈，再喊叫爸爸，最后喊叫外婆，变成了先喊叫妈妈，再喊叫外婆，最后才喊叫爸爸。有时候连爸爸都不喊叫，干脆直呼我的大名。他直呼我的大名时，我似乎有点无法接受。记得小时候，父亲不在家，我代替父亲去参加一个婚礼，别人问我是谁家孩子的时候，我直呼“陈先发”，当场被白胡子族长给骂了一顿。我也纠正过葫芦娃几次，不准他直接呼喊“陈元喜”。

葫芦娃有些委屈，小青就上前安慰说，取名字干什么呢？不就是让人叫的吗？别人能叫得，自己的孩子为什么叫不得？

葫芦娃不仅对爸爸，有时候一高兴，对妈妈和外婆，也直呼大名了。我感觉，直呼大名都是葫芦娃开心的时候。他一喊叫，就喊出了哥们之间的那种义气，喊出了朋友之间的那种平等，听上去十分舒服。

葫芦娃说话的词汇，首先从一些称呼，增加到了食物，比如米饭、胡萝卜、白萝卜、面条、香菇、大饼、馒头，没有他不认识的。其次是颜色，他很快就认全了七种颜色。我有时候还分不清蓝色与绿色，但是他天蓝地绿，分得一清如水。第三是图形，什么是正方形，什么是圆形，什么是三角形，什么是梯形，他都心中有数。

他指指切碎的胡萝卜说是三角形，指指元宵说是圆形的。

葫芦娃把米饭叫“饭饭”，把面条叫“面面”，把椭圆形也叫圆形。小青要求特别精细，就开始纠正说，葫芦娃你长大了，不能再叫饭饭和面面了，不然上学后会被人嘲笑的。还有，圆就是圆，椭圆就是椭圆，绝对不可以将就的。

葫芦娃回答说，我还没有长大。

小青说，你已经长大了，是大孩子了。

葫芦娃用手一比画，说我才面面这么长。

感觉小青是把葫芦娃当大师培养的，每认识一样东西都像制造一个原子弹，不能有丝毫的偏差。

有一阵子我去外地学习，两个月学习期间，每天晚上七点多，是葫芦娃吃完晚饭准备上床睡觉的空当时间，我就与一家人视频。在视频中，突然有一天，这家伙竟然摇头晃脑地给我背起了“人之初”，一口气能背出十句八句，等我学习归来的时候，他已经背到：“父子恩，夫妇从，兄则友，弟则恭；长幼序，友与朋，君则敬，臣则忠。”大概有三分之一了吧。而且口齿清晰，从不拖泥带水。

丈母娘说，连她这个花甲之人已经望尘莫及了。

听得我也是一阵目瞪口呆，惊叹我老陈家是不是出了个小神童？

我录了一段葫芦娃的视频，朋友大为赞叹的同时，提醒了一句：千万不要再出一个《伤仲永》。如今这世道与古代是颠倒的，《三字经》有谁稀罕呢？倒背如流又如何呢？我若把孩子拉着去表演这个，人家一定会把我们当成乞丐的。所以，方仲永之伤，从某个角度看，并非父母造成的，而是时代造成的。

我们葫芦娃每天晚上，不是听小青唱摇篮曲入睡的，更不是听童话故事入睡的，很长一段时间是听着《三字经》的录音入睡的。小青试着换过几次，有童话《象鼻虫》，有新诗朗诵，有流行歌曲，还有上海老弄堂里的花样经。

笃笃笃，
卖糖粥，
三斤蒲桃四斤壳。
张家老伯伯，
请侬开开门，
问侬讨只小花狗。

多好听啊。或许葫芦娃习惯了，非《三字经》不能入睡了。稍微大点后，我们试着放了一些古典名曲，尤其是童丽唱的《二泉映月》，声音干净有如天籁，所以他听得也是相当投入的。葫芦娃一直不放弃的，只有《世上只有妈妈好》，不明白是这首歌的内容比较适合婴儿的欣赏水平，还是他已经有了感恩之心。

葫芦娃认识数字相当早，这恐怕与城市生活有关。大概很小就能从一数到二十，非常熟练的是十八以内的数字，因为我们家住着一栋十八层的大楼，每次上楼下楼他就跟着电梯数数。他不但跟着楼层变化来数，还自己按电梯。无论我与小青什么时候出门，他都要冲出去替我们把电梯按好，然后还要问我们，有没有忘记带手机啊？

葫芦娃第二件是念古诗，应该是这时候正式识字的。不但会念还会认，诗里的字基本是可以认识的。我们家儿童版的古诗读物，加起来有一尺厚，各种各样都有。葫芦娃与大多数孩子一样，最先读到的是《咏鹅》《咏柳》《悯农》和《春晓》，以及《静夜思》。这些诗可能意境简单，没有什么生涩的词汇。

我每次下班回来，小青就拉着葫芦娃，站到我面前说，快点给爸爸朗诵一首新学的诗。葫芦娃就开始念，竟然背着双手，在大厅里踱来踱去，真有点古代天才少年七步成诗的风度。

我问小青，这姿势是不是你教他的？

小青摇头说，从来没有教过，也没有看到过电视。

也许吟诗是纯自然的，就应该这么风度翩翩吧。

葫芦娃念了两个月，开始我还能跟得上他的节奏，慢慢地，我就显得有些落伍了。因为我自小读书少，除了课本之外，没有读过太多东西。有些东西读过，自己是不得要领的，根本不解其意。

马戴的《过野叟居》："野人闲种树，树老野人前。居止白云内，渔樵沧海边。"我小时候是读过的，当时不明白"叟"字怎么发音，也不明白是什么意思，如今明白读音也明白了意思，一下子就被感染了——这不就是我想要的生活吗？王轩的《题西施石》，因为常去西湖边闲走，更觉得贴近，尤其后两句："今逢浣纱石，不见浣纱人。"那种淡淡的愁美，对一个成年人来说是非常恰当的。

有一首《与浩初上人同看山寄京华亲故》，光标题就是十三个字，而且相当绕口。葫芦娃背诵时，都会一字不落的，连作者柳宗元的名字也会如此，不免让我自叹不如了。我在心里记过很多次，还是没有清楚地记下来，倒是末尾两句："若为化得身千亿，散向峰头望故乡。"由于思乡之故，所以才烂熟于心。

他对韵律如此敏感，是天才吗，还是和引导有关呢？都是无法考证的。

他对古诗的抑扬顿挫、平平仄仄，总是拿捏得非常到位。有一次，他正在念《回乡偶书》，忽然有人敲门，等丈母娘开了门，葫芦娃走到客人面前，昂首朗诵道：“儿童相见不相识，笑问客从何处来。”他把最后一句拖得长长的，而且感情饱满，让客人一时不知如何应答。

我们到外边用餐，或者是到外边游玩，每每遇到陌生人来逗他玩，他均要来上一句“笑问客从何处来”，倒把人家给逗笑了。

李白的《静夜思》，除我父亲这样大字不识者，恐怕是妇孺皆知了吧，葫芦娃却念得与人不太一般。葫芦娃自小喜欢月亮，可能是遗传了我的癖好。他一旦看到月亮，基本要念《静夜思》，那一低头的温柔，那一抬头的隐忧，真有种抬头望明月，低头思故乡之意。

有一次，他念完后，还提了个问题，月亮上有人住吗？我们说月亮上是没有人住的，不过有一个仙女，她的名字叫嫦娥，还有一棵桂花树。

他问，我们楼下就有桂花树，我是不是也叫嫦娥？

小青说，你不叫嫦娥，你叫葫芦娃。

他又问，葫芦娃在不在月亮上？

小青说，葫芦娃在地球上，月亮是绕着地球转的。

可能家家孩子都是天才，自然的东西就是天才的东西。

他认识的字多了，出门在外的时候，会到处找自己认识的字。文字经他随意一组合，随意一拆解，就更加奇妙了。比如“威尼斯”，他会念为“女斤”；比如“巴比馒头店”，他会念为“比头”。其中有一个已经成了我们家里的通用笑话，有一次翻一本童话书，作者原本叫徐小东，却被他念成了“偷小乐”。

小青听了，忍不住一阵狂笑。葫芦娃一头雾水，也跟着傻傻地笑。之后，两个人有事没事，就喊那么一句“偷小乐”，然后狂笑半天，不亦乐乎。

念完古诗还念新诗，是北岛编选的给孩子的诗。葫芦娃读着海子的《面朝大海，春暖花开》，问什么是面朝大海春暖花开，我们回答的版本是，有一座房子，前边对着大海，海边有一片树林，如果到了春天，天气暖和了，花就开了。古诗线条简洁，而新诗全凭意境，按照字面意思解释起来非常困难，其中的诗意只可静静地体会，而且每个人的生活经历不同，体会的结果也不一样。

何况世界在孩子们的眼里，像是一个还没有组装起来的拼图，叶子可以不长在树上，树可以不长在土里；石头是可以在天上飞的，天上的太阳可以是绿色的，太阳是可以从西边升起的；花可以开成黑色的，水可以是甜的。

没有经过任何组装的世界，还是一片支离破碎的。眼前即使有一片大海，有一个春天，有一堆鲜花，他还是没有办法组成一个完整的画面，欣赏到其中的美。

美是需要生活作为铺垫的。“我们商定不触痛往事，只做寒暄。只赏芳草。”“我们就要分手，一同来唱歌吧，在你出发的地方。”孩子哪明白什么是伤痛，哪明白什么是分手，没有伤痛、没有分手做铺垫，寒暄和唱歌都是无病呻吟。

我个人的看法，孩子是不适合读新诗的，尤其这么小个孩子，读点儿歌民谣还是可以的。

面对复杂多变的生命，你很难拿出证据，讲清楚什么是对的，什么又是错的。

我这个诗人出身的父亲，每次听到葫芦娃在背诵诗的时候，就有点伤感和惭愧。我的孩子读的不是自己写下的诗篇，而是别人的诗篇，总有种让孩子认贼作父的感觉。

我试图从自己几千首诗歌作品中，挑出几首来，供葫芦娃朗诵，可惜的是都不是很满意，里边总有些灰暗的甚至是阴暗的成分。那之中对人生悲观的情绪与对世界愤恨的态度，与儿子的色调是格格不入的。

我开始改变自己的诗路，希望写得干净一点，写得温暖一点，写得轻松一点。把所有的读者都当成自己的孩子，这样也许才能写出好诗吧？不然，人家为什么要读你的诗呢？如果你的诗不能给人以力量和净化，而是给人更加悲观与愤恨，那对人不是一种伤害吗？

开车带葫芦娃出门时，小青会把课堂搬到车上，先让葫芦娃温习一遍过去念过的古诗、新诗或者是三字经，然后教他认识生活中的一些常识。

不明白为何，小青对汽车尤其起劲，也许这是个汽车时代，只有汽车是川流不息的，是来来往往的，是车水马龙的。这便是葫芦娃最先学到的三个成语了。

我周五不上班的时候，就带着葫芦娃坐公交车，去半路上接小青下班。我们约定的地点是一个立交桥，我牵着葫芦娃站在立交桥上，葫芦娃看着下边的汽车，便能说出一大串与此相关的成语。

小青对葫芦娃最早的教育，就是从认识汽车开始的。首先是认识汽车的品牌，福克斯、悦达起亚、奔驰、宝马、悍马、兰博基尼、上海大众、斯柯达。每次到街上，无论是汽车停在路边，还是从身边经过，他一眼就能认出是什么品牌。第二是认识汽车的类型，救护车、消防车、洒水车、警车、大卡车、面包车、大吊车、挖掘机。

小青不明白从哪里学了几句京剧，是关于大吊车的，唱词是：大吊车，真厉害，轻轻地一抓就起来，哈哈哈……母子两个人，每遇到一次大吊车，不约而同地就会“哈哈哈”地唱上一遍。

有一次，是黄昏时分，葫芦娃看着天边，说出一句意味深长的话：

房子在长高，
太阳落下去了，
影子越来越多，
清障车马上要开过来了。

第三是认识什么是高速路，什么是高架桥，什么是大马路，什么又是隧道。对于这些道路的识别，我们给他的解释是，高速路是不能走人的，高架桥是在空中走的，隧道是从地下走的。有一次，在高速上，遇到了一只狗，他说这不是高速，有人走的地方就不是高速。小青给他解释，那是狗，狗不是人，高速上不能走人，但是可以走狗，狗不小心爬上去的。

葫芦娃问，它不是人，那它是什么？

小青说，它是狗。

葫芦娃说，它是狗，狗怎么能上高速呢？

小青说，狗是自己爬上去的。

母子两个就这么绕着圈子。

第四是认识各种车的功能，包括救护车、消防车、警车，也包括公交车与出租车。有一次，晚上带他出门散步，发现一片阴暗的地方停着一辆警车，葫芦娃兴奋地冲上去，又拉车门，又拍车窗，围着警车转圈子，偶尔还做出一个开枪射击的手势。我原以为车里没人，就任由他去闹，没想到闹得动静太大，车窗终于摇了下来，一位警察说，赶紧把孩子带走吧，我们在办案呢。警察一露面，把葫芦娃吓得不轻，一溜烟地跑掉了。后来才明白，警察守候在这里，是在不动声色地伏击小偷。

葫芦娃最熟悉的，是出租车，他只要打眼一望，是海博、锦江，还是大众、强生，连法兰红这些小公司，他一样认得清清如水，还有车牌号码也会认了。另外，什么是路灯，什么是车灯，什么是霓虹灯，对葫芦娃来说都是小菜一碟。

路灯像豆芽，车灯像青蛙的眼睛，霓虹灯像妈妈的某件衣服，我都不相信这些形象生动的比喻是出自这么小个孩子。

认识这些事物与字，对孩子到底有多大意义，我真是无法估计的。

其实我小时候，也是过目不忘的，有一阵子农村在扫盲，我爹我妈都是大字不识的文盲，家里发了一本农民识字课本，我在外边听人家读过一遍，便从头至尾一字不落地记下了。有天晚上，我爹正坐在床上认字呢，我夺过课本背诵了一遍，可把我爹给吓坏了。他赶紧把我妈喊来问，会不会是神仙附体了？我妈为这事儿，四处表扬我——这是我妈一生中惟一对我的表扬。但是具体背诵下来的是什么内容，如今一概是不清楚的，连一个字都不记得了。

所以对于这样的教育，我在心里是有抵触情绪的。不仅这些东西是冷冰冰的，是僵硬的，是毫无艺术感的，而且太有时代感与地域特色了。比如汽车品牌，我小时候叫吉普，是帆布的，现在哪还看得到呢？随着孩子的成长，随着时代的变迁，这些品牌也都在变。他现在认识的，都会被淘汰的吧？有些牌子不会淘汰，样子肯定是会被淘汰的。比如出租车，有一次去杭州，葫芦娃指了指说，这是大众，这是锦江。不明白他是凭着颜色，还是车型，这么判断的，反正离开了上海，他的判断就错了。

另外，认识什么是高速路什么是高架桥的意义又何在呢？还有各种各样的灯，都是发光的，都是为不同目的发光。随着孩子长大，生活阅历的增加，这些东西自然而然就会了吧？

我希望能教孩子认识自然界的东西，比如什么是老虎，什么是斑马，长颈鹿是站着睡觉的，恐龙是在什么时候灭绝的。起码得教孩子认识一些植物，认识一些花草，认识蓝天白云，这不仅是知识普及，或许还可以引导他热爱自然，由此热爱生活和生命。

我终于忍不住了，在小青教葫芦娃认识钢铁水泥的时候，我就教葫芦娃认识路边什么是梧桐树，什么是冬青，什么是玉兰花。

葫芦娃对什么都会感兴趣，对什么都过目不忘，我认为这是天才。

小青有一次忍无可忍地说，你认为这是天才吗？他喜欢爸爸，每次你进门，他扑上去给你一个热烈的拥抱，也是天生的吗？我只能告诉你，这都是培养出来的。教他认识一些东西，起码有两个好处，一是让他增强记忆力，二是提高他的观察能力。记忆力就像一个气球，你越吹就越大，装的东西就越多。还有观察力，五花八门的汽车，你能认出来吗？你凭什么认出来的？但是他一眼就能认出来，不管他依据什么，这就是观察力。

对于小青的说法，我还真是见证了很多。葫芦娃的观察力，尤其是注意力，真是比我们强大多了。有一天下午，我们开车经过虹桥机场，他突然指着天空说，月亮与飞机都在飞，月亮没有人，飞机上有人。还有一次，大白天，有一排路灯，几盏开着，几盏未开，我们并没有注意到，因为在太阳底下，灯光实在太微弱了。他却指着说，有的路灯死了，有的路灯还活着。

还有一次，有一棵行道树倾斜了，恐怕是刚刚刮过台风，他说，那棵树没有站好。

还有一次，他指了指我们家的门把手说，坏了，得修。

我们大人已经被日常生活所累，对所有不正常的意外的事物，恐怕会视而不见，但是他却能准确地看透。

我们家里的识字读物，已经是堆得像山一样了，各种各样的都有，有汽车标识，有通用文字识读，有拼图。由认识，到说话，到识字，都是一以贯通的。近些时间，我们家的过道里、厕所里，到处都贴上了字母表与乘法口诀表，他已经开始认识拼音、英文字母和加减乘除运算口诀了。

在说话方面，他经常会蹦出上海话，如今是上海话与普通话并行的。上海话好像没有他不会的，像阿拉、小赤佬、小戆大，什么都会用在我的头上。像我们这种异地杂交式的婚姻，他应该会用四种语言说话，还有我们老家商洛话，还有小青老家南通话。可惜的是这两种话，在外流落时间长了，我们自己都不会了，更何况是这么小个孩子。

他原来只是朗诵，只是认识字，现在还会造句了，不时会提一个问题，很多问题让你很难回答清楚。比如什么是公共汽车，什么是天空，什么是结婚。

我们带他去祭拜过一次他的外公，他指着一块草坪问，外公在哪里？小青说，外公死了。他问，什么是死？丈母娘嫌他太闹腾，说是把人累得半死不活。他又会问什么是半死不活。

你不回答不可以，你回答的时候又不能从概念到概念，而且特别难用一句孩子的话简单概括出来。

小青把“死”与“半死不活”这些问题，终于推到了我的身上。我当时刚下班进门，就回答他，死，就是张不开嘴，不能出气，不能吃饭，不能说话。

他又问，那桌子不能出气，不能说话，不能吃饭，它是不是死了？

我只好回答他，桌子是由树做的，树原来是活的，砍掉之后做成桌子就死了。他又问，什么是“树”？我指着窗外告诉他，那些不停摇晃的就是树，树有时候是绿色的，有时候是黄色的。他指着外边的草坪说，它们有时候也是绿色的，有时候也是黄色的，那它们是不是树？我对“半死不活”的解释是，爸爸上班辛苦，已经被累得半死不活了，并装作有气无力的样子，倒在沙发上给他演示。

他又会追问什么是上班。

他总能从你的语句中，准确捕捉到一些陌生的字眼，非得用一连串的问题把你打倒不可。

只有面对一个孩子，面对一个处处都很新鲜的孩子，我才发现自己面对这个世界的时候，是多么浅薄和无知。

我们天天在吃饭和睡觉，其实我们都不明白什么是吃饭和睡觉。

更别说搞清楚吃饭与睡觉背后的原理和意义了。

第十七个故事

他想做的人

第十七个故事

他想做的人

我没有看过《黑猫警长》，自小到大也没有从头至尾看完过一部动画片。不是自己不想，是实在没有这个福气。我十七岁才第一次看电视，还是在路边蹭出来的。

那时候在外上学，有一天晚上，到学校外边买东西，发现路边有户人家，说人家也不确切，现在想想可能是一个瓜棚。棚子外边有张桌子，上边蹲着个小家伙，小家伙头上有个小辫子。我明白这就是传说中的电视。之前，有个老人给我讲过一个故事，说村里有个孩子上山采药，在一座山顶上发现了一个洞口，便爬了进去，洞里有一条小河，水都是蓝色的，河边长满了天麻、灵芝和人参。这个孩子顺着小河，采了满满一背篓珍贵的药材，心想卖掉后就可以给妈妈看病了，但是当他准备回家的时候，再也找不到那个洞口了。

看着这个小电视，让我想起了老人的故事。这个电视似乎就是那个洞口，从这个洞口钻过去，就是另一个奇妙的世界。我十六岁刚刚走出村子，眼界估计就和现在的六七岁的孩子差不多，是没有一点是非观与价值观的，靠着与生俱来的善恶处理着人生，所以电视对我的影响很大，就像采药的孩子遇到的那个洞口，让我一下子钻了进去。

从那天晚上起，我一有空闲就跑出去看人家的电视，又不好意思凑到电视边上，只好坐在马路对面。电视很小，估计十四英寸，是黑白的，还没有有线，都是靠信号传输的，只能收到一个台，一半是人影，一半是雪花点点。遇到刮风下雨，信号不好的时候，就没有图像了，只有一点声音。

从小没有电视看，突然看到的电视，改变了我一生的轨迹。

当时只能收到一个频道，播放的都是一些带有教育色彩的片子，多数在讲人活着的意义，要有爱心，要做好事，要留名声，要顾及身后，对人的影响十分有效。“生当作人杰，死亦为鬼雄。”“人生自古谁无死，留取丹心照汗青。”等等，便成了我的处世原则。

人们对待生死，年龄大了就会改变，变得更怕死了，更在乎身体了，而我的想法不一样，随着年龄越来越大，身体越来越差，三天一小病，五天一大病，越发感觉到人生苦短，有太多的事儿需要赶紧去兑现。如果不做有意义的事儿，生命消失之后没有留下点什么，还要这条小命干什么呢？

马尔克斯曾患上了淋巴癌，在一九九九年留下过一封告别信，信中有着无尽的对生命的留恋。他说“我会少睡觉，多思考，因为我明白，每当我们闭上一分钟眼睛，我们也就同时失去了六十秒”；他说“如果上帝赏我一段生命，我会简单装束，伏在阳光下，袒露的不仅是身体，还有我的灵魂”；他说“明天从不向任何人作保证，无论青年或老人，今天可能就是你最后一次看到你所爱的人”。

他永远是我无法企及的作家，但是在对待生命的态度上，我们却是一致的。此时此刻，我正发三十九度高烧，还是爬起床继续写点东西，总觉得不尽快写出来，随时都会灰飞烟灭了一般。

那时还突然兴起了录像带，都在播放几部琼瑶片，有一部叫《聚散两依依》，我看过好多遍，每一遍都会流眼泪。这部片子里的人，都长得清清瘦瘦的，也许是屏幕的原因，画面被拉长了，无论男女都十分高挑，腰细得都像蚂蚁，弱不禁风的样子。原本喜欢一个爱穿白裙子的同学，她穿着白裙子从教室外边走过的时候，感觉她不是人，而是一朵能到处奔跑的百合花。看了几遍《聚散两依依》后，我迅速地移情别恋了，喜欢上了一个留着披肩长发、瘦得像根葛条似的女孩。

正好那个女孩也姓葛。我本一心向葛条，无奈葛条缠大树。

那首《聚散两依依》的主题曲，我至今还记得歌词：

也曾数窗前的雨滴，
也曾数门前的落叶，
数不清是爱的轨迹，
聚也依依散也依依。

每有聚散之时，我都在心里哼起这个忧伤的旋律。

对爱情观的影响存在正负两个方面。负面影响是，让我以为人世间的爱都是不用吃饭睡觉的，都是纯洁干净而又浪漫的，如岚如雾如雪如玉；正面影响是，让我一直相信真爱是存在的，让我一直在追寻中坚守着。对我而言这是幸运的，相信有爱是幸运的。不幸的是，当爱情来临时，未免会受到尘世生活的干扰，让自己一次次受伤也伤害别人，在伤痕累累中长大和苍老。

即使如此，电视对孩子的影响到底有多大，在没有孩子的时候我们还是体会不到的。

有位朋友在房子装修时，竟然没有安装一台电视，让我百思不得其解。我问他，看电视有什么不好吗？他说，孩子看电视会耽误学习。我说，如果看一些动画片呢，不一样是学习吗？他说，这是娱乐，会上瘾的。

我心想，绝对不把自己小时候的遗憾带给下一代，我一定会让他好好看电视的，他想看什么就看什么，想看多久就看多久。

可惜的是，等自己的孩子出生了，一点点长大了，我们还是以各种各样的借口去阻止他。

我们的担心太多了。一是怕伤了眼睛，小青深度近视不仅仅是看书看的，而是看雪花点子看的；二是如今的电视内容，比不得当年那么纯粹、那么积极向上了。有几十个频道，随便打开哪个频道，三五分钟之后，就有成人镜头出现，拥抱、接吻，甚至更多，即使是动画片，也被娱乐化了，拿《黑猫警长》来说，之中也有小老鼠和一只耳的舅舅寻欢的细节。

有一次搭一位朋友的车，车上坐着朋友的儿子，也就七八岁吧，他拿着手机在玩一个游戏，游戏的内容是开车，专门以撞人为乐，每撞死一个人，司机就脱掉一件衣服，当然司机是性感女郎。当女司机最后脱得一丝不挂的时候，把这么大个孩子兴奋得哈哈地大笑了起来。

我们也是严格控制葫芦娃看电视的。有一阵子看了那么一点点，葫芦娃就不停地揉眼睛。我们被吓坏了，带他去医院检查过一次。在外出旅游时，换了个环境，比如住宾馆，他不习惯，哭闹不止，我们才用电视来哄他入睡。他基本是可以看着电视入睡的。

有一次去南京，哄他入睡，看到一个电视剧，类似于谍战剧《潜伏》，帅哥与美女正在私会的时候，突然响起了一阵枪声，那帅哥一个箭步从窗口跳了出去，恋恋不舍地拍着窗户，对着窗户亲吻不止。我们感觉这样的镜头对葫芦娃影响不良，幸运的是葫芦娃给我们下了一个结论：他们在修窗子。

人世间没有比这更干净的结论了。

如今的电视不干净也不积极，小青就在网上找一些我们那个时代的录像。葫芦娃看的第一个动画片是《黑猫警长》，讲述机智、勇敢、帅气的黑猫警长率领警士，痛歼搬仓鼠，侦破螳螂案，消灭一只耳，令森林中的动物们得以过上安枕无忧的日子。葫芦娃从什么时候开始看，是在十个月之前，还是一岁多一点，我是稀里糊涂的。

有一天，我下班回家，听到家里很静，异常的静，以为他们都外出了。当我推开书房门时，葫芦娃拉着小青，坐在那里看电脑，正在播放的就是《黑猫警长》。

葫芦娃不时会蹦一句，白鸽警士要出来了，老鼠一只耳朵要被打掉了，小熊妈妈要生病了。他对情节已经了如指掌，以为不会再看第三遍第四遍了，但是他百看不厌，每次都十分投入，要穿着黑猫警长的衣服，要戴着黑猫警长的头盔，还握着玩具枪，若有所思的样子。

小青试着给他放过其他动画片，他都不感兴趣。

黑猫警长很厉害，会打枪，会开摩托，还会动脑子，把老鼠一个个抓起来——在葫芦娃的意识里，已经能分清什么是好什么是坏，吸引他的无非就是这些东西，但是在现实生活中他根本分不清。或许在孩子眼里，世界根本就不存在好坏，就不存在干净与肮脏。一只猫能逮老鼠是它的天性，一只老鼠咬桌子腿也是为了生存，这才是世界自然的状态。

所以，从意识到行动，想改掉他的一些小毛病真是费尽了周折。

首先，他喜欢往地上扔东西。

什么都扔，米饭喜欢扔，杯子喜欢扔。我有两副眼镜，活生生被他摘下来，扔在地上摔碎了。刚洗的衣服也喜欢扔，每次扔的时候他都很痛快的样子。比如小青辛苦洗的衣服，正在往阳台上晾晒呢，一不小心就会被他扯出来，扔在阳台上的花盆里。有一次小青很生气，抓起他的小手打了手掌心，把他打得气急败坏，哭闹了半天，几乎都憋气了。

我不忍心，上前和他讲道理，说是妈妈洗衣服，水很冷，很辛苦，你把衣服扔在地上，弄脏了就得重洗。此事过后，他还是照旧，根本不讲道理。仔细想想，和他怎么讲道理？他怎么明白什么是冷，什么是辛苦，为什么要重洗。

有几次去外边，看到人家的东西，他也拿起来就扔，扔人家店外的苹果，扔人家店里的饮料。

还是小青有办法，明白和这么小的孩子是讲不清道理的。要么沉默，要么就是教训。开始教训的时候，孩子会大哭大闹，不要命地来挑衅，非要把你捡起来的东西重新扔出去。打了那么几次手掌心，他就不哭闹了，有点委屈地趴在桌子上，翻起了白眼。后来他再扔东西，我就告诉他，你把东西捡回来，妈妈就不发火了。

不扔东西的习惯没有养成，捡东西的习惯倒是养好了。大凡地上有个纸屑、饭粒或者其他什么东西，他都会捡起来扔到垃圾桶去。

不过，他分不清什么是垃圾，有时候会把掉在地板上的有用的东西，统统地扔进垃圾桶，比如交通卡，比如书。

家里有好多常用的东西，平白无故地就无影无踪了，不排除就是这个家伙干的。

第二，他在外边骑车子，喜欢用车子撞人。

葫芦娃七八个月就会骑车子了，当时小青买了一辆三轮车给他，他个子太矮还够不着，但是他可以双脚撑地，像划船一样。他骑车子的水平很高，可以在我们家的厨房、客厅、卧室之间，像只小蜜蜂一样飞来飞去。在路上，遇到有台阶或者是障碍物，他双脚一踮，轻而易举地就跨过去了。

他有个毛病，喜欢骑着车子快速地朝着东西撞，遇到墙撞墙，遇到树撞树。撞完了，一个急转弯，忽悠一下就跑开了。

有一次去动物园，人非常拥挤，他骑着个车子，不停地去撞人家脚后跟。每次有人被撞了，回过头，正要发怒呢，一看是个小毛头，反而笑着宽容了。有些喜欢的，还回过身摸一下他的脸蛋子。

大概是世界的友好鼓励了他，在外边无论是正面相遇，还是从背后跟进，他都会朝人家轻轻地撞上去，而不是小心地躲开。

但是他只撞大人，从来不撞孩子，也许他明白孩子的脆弱。

葫芦娃老提醒小青，开车要系安全带，要红灯停绿灯行，如果违章了，交警会让你靠边，扣分，罚款。于是我教训他，他的行为，是要靠边扣分罚款的。孩子与大人都是一样，说是一回事，做又是一回事。

直到有一天，在路上，当他骑着自己的小三轮从背后朝着一位女士冲过去，随着一声脆响，那位女士哎哟一声蹲了下去。高跟鞋断了，脚被崴了。人家不明白他是故意的，还是没有责怪他。当这位女士龇牙咧嘴地坐在马路边痛苦万分的时候，葫芦娃这才害怕了。

恐惧让他明白，什么可以什么不可以。

之后他不再撞人了，也不再撞树与撞墙了。

他说树与墙也会痛苦。

第三，他牛脾气很大，发起火来就往地上赖。无论大小事情，赖在地上不起来。比如他要吃大白兔。小青说，每天只能吃一颗。他会说，不吃一颗，要吃八颗。小青说，吃八颗牙齿会长虫的，把牙齿会蛀掉的。他会说，什么是被蛀掉了？小青说，就像你爸爸，有颗牙齿被蛀掉了。他会立即跑到厕所，把那颗假牙拿出来，给我戴上。

小青强忍住笑，还是不从，他便赖在地上。

赖在地上就算了，也许是无心的，还撒了一泡尿，把裤子尿得精湿。

他不知轻重，用东西打人，包括耳光子，不过他只打家里人。有一次，我发现小青胳膊上有一大块淤青，问起来才明白是葫芦娃用玩具汽车打的；他也用玩具枪砸过我的头，砸得人眼冒金花。外婆被他打得更多，身上到处是伤。但是大家都忍了，谁让他是个孩子呢？

他和我们闹，只是表达开心，表达和我们的关系亲密。

或许是我们没有太多计较吧，这个小毛病不明白从什么时候起，自然而然地消失了。

但是在外边，他对别人是十分友善的，尤其对待小伙伴们，善良得有些懦弱。人家的皮球滚到他脚下，他想玩一下的话，会征求我们的意见，当我们说“可以”，他才会上去摸一下；他想骑一骑摇摆椅，有些凶巴巴的孩子，会指着摇摆椅说，那是他家的，不允许别人坐，葫芦娃就乖乖地站在旁边；有人会夺走他的三轮车，他也不追、不闹，静静地让人家骑着玩。

小青担心以后会受人家欺负，于是告诉葫芦娃说，可以和别人换玩具，可以大方地把玩具借给别人，但是绝对不允许别人来抢我们。小青说，有人抢你的玩具，你明白怎么办吗？你就立即告诉老师！

第四，他早晨不愿意穿衣服，午睡时喜欢把被子全踢掉。

早晨不穿衣服，夏天比较好办，冬天冷得要命，真令人十分头痛，每天早上都要哄他半个小时。

有一次，他刚刚退烧，还在咳嗽，午睡的时候，把被子踢了个精光，嘻嘻哈哈地露着个光膀子。小青想了很多办法，都没有让他安静，我实在忍受不住，就提起他的小脚丫子，啪啪地打了两巴掌。第一巴掌打得轻一点，第二巴掌加重了。这两巴掌打下去，他竟然几分钟就睡着了。我怀疑是不是打在什么穴位上了。

看着他睡在那里，一会儿睁开眼睛一会儿闭上眼睛，一副委屈和恐惧的样子，我又有点心疼了。我和小青说，以后还是别打了吧，他哪里明白什么冷热呢。

他一个姿势睡了两个小时。我一直守在旁边，不停地去摸他的小脸，生怕他是不是被打晕了。

事后我在反思，不明白是棍棒起的效果呢，还是那一巴掌伤了他的自尊。人家一个不知事的孩子，开开心心的，你凭什么教训人家呢？在我们这里是说得通的，在他心里那是说不通的。

另外，他特别喜欢玩水，见着水就往上扑，冬天可真吃不消，好几套衣服全湿了，就没有合适的衣服换了。但是怎么教育都无用，恐怕他是属蛇的，命中注定是喜欢水的。

还是那句话，他哪里明白水是什么东西，水必须装起来才是安全的呢？

我们一直好言相劝，说什么是对的，什么是不对的，什么是好的，什么是不好的，什么是粗俗的，什么是文明的，孩子是没有概念的。讲道理是要有意识的，意识就像一种坐标，没有任何坐标，你谈什么呢？

无论我们说什么，他都会说出相反的词。不明白他那么多的反义词，都是从哪里学的。比如我们说“失败”，他便说“胜利”；比如让他吃面条，他偏偏要吃米饭。

有时候，实在不知道反义词，他脑瓜子非常灵活，两只眼睛一黑溜，在肯定语前边加个“不”字，或者把否定语前边的“不”字给你取掉。

他摔了一跤，你说痛吗？他非得说不痛。

你说不痛吗？他就保持沉默。

你说睡觉吧，他非要说不睡；你说再玩会儿，他往床上一倒，装着打起呼噜。

每天早上或者过节，你对他说，早上好或者节日快乐，他非得说早上不好，节日不快乐。开始搞得你很恼火，觉得有些不吉利，但是时间长了，有什么不吉利呢？反正他这些话都是没有意义的。

他反复看过几遍《黑猫警长》之后，虽然没有成为判断是非的坐标，他起码有了人生的第一个梦想。

他第一个梦想，就是要当黑猫警长。我们喊叫他葫芦娃或者是陈不旧的时候，他都不答应了，连忙纠正你，他叫黑猫警长。他不是开玩笑的，而是表情严肃认真。我们每次喊叫黑猫警长，他都会非常大声地回答“到”，而且立正，五指并拢，给我们敬一个非常标准的礼。

既然他在乎这个身份，于是我们就拿黑猫警长来要求他。说你要当黑猫警长吗？你要当的话，就必须好好吃饭，吃萝卜，吃香菇，否则就瞄不准枪，就没有力气骑摩托车抓老鼠。只要能当黑猫警长，开始什么都可以做，很乖的样子。久而久之，就失效了，可能再大的英雄人物，对人的影响也有疲倦的时候。

再后来，他既不以黑猫警长为榜样，又不放弃这个头衔，像个小无赖似的。没有办法，我们就哄他说，饭是给黑猫警长吃的，事是给黑猫警长干的。

我们把双方的角色转换了一下，就把他给搞糊涂了。

小青问，果泥吃吧？

葫芦娃必定回答，不吃。

小青就顺着他说，你不吃算了，我们给黑猫警长吃。

小青于是把果泥递到他嘴边说，黑猫警长！葫芦娃说，到。小青说，张嘴！葫芦娃嘴一张，还没有分清这嘴巴到底是自己的，还是黑猫警长的，一把大勺子早就撤出来了。

每件芝麻小事都是需要斗智斗勇的，关键是与一个小毛孩子之间的这场斗争是不平等的，是难以达到知己知彼的，所以很累。这种累，其实也是时代的产物。

在我们幼小的时候，还没有电视，还没有任何玩具，还不明白何为糖果，还没有衣服可穿，什么都是空白的。

由此滋生的烦扰自然也是空白的。

第十八个故事

被改变的人

第十八个故事

被改变的人

一个小小的葫芦娃，把我们的世界搅成了一锅粥。

好粥应该都是用文火慢慢熬出来的，不过我们这锅粥偶尔还是用了武火。不能说文火就好，而武火就不好，在中药熬制中，文火多用于煎补虚药，武火多用于煎解表药，其实是各有所益的。

几乎天天黄昏，父亲都会坐在门槛上，一边忧愁地抽烟，一边看着门前的树梢。有人从外边回塔尔坪，无论是我和姐姐，还是其他不相干的人，他就会对人家嘟哝着说，这么好个村子，以后还不明白成了谁的。父亲虽然一直没有催着要抱孙子，但是话里明显含有后继无人的焦虑。

葫芦娃出生后，我给父亲打电话报喜的时候，父亲在电话那边只问了一句话，儿子吗？我说，是啊，你抱孙子了，高兴吧？父亲再没有说别的，或许是高兴得不明白说什么好，或许是躲在旁边偷偷流泪去了。接到消息后第三天，父亲就与小姐姐、小姐夫一起，坐着长途大巴从老家赶到上海来了。过去要让父亲到上海来，那真是和登天差不多，他总有这样那样的借口，要么麦子黄了，要么土豆熟了。这么多年只来过一次上海，几乎是被我给绑架来的。我说他再不来上海，就和他断绝父子关系。

他主动提出要来看孙子，真是想都想不到的事儿。

我没有精力陪他，于是想阻止他，等葫芦娃满周岁时再来，但是他说，来看一眼就走。这让我不太忍心，还是答应了。

按照惯例，父亲外出之前是要净身沐浴的，还会换一身干净的衣裳，就连头发也会洗一洗，胡子也会刮一刮，生怕遭到人家的嫌弃。这一次自然也不例外，甚至还买了一件新线衣，穿了一双新鞋子。但是他到上海后，还是照着我的吩咐，进门第一件事儿，就是换拖鞋，去汏浴。汏浴是上海话，意思就是洗澡。

父亲与小姐姐、小姐夫听了，没有任何不高兴的，毕竟葫芦娃马上要回家了，讲点卫生是应该的。几个人洗完澡，丈母娘已经准备好了换洗的衣裳。不是他们从老家带来的，而是丈母娘从家里搜腾出来的，有鞋子、外套和内衣。给父亲和小姐夫换上的，一部分是我穿旧的，一部分是岳父的遗物；给小姐姐换上的都是丈母娘的，丈母娘虽然花甲之年，可是她的衣裳穿在四十多岁的小姐姐身上，倒显得有些艳丽了。他们三个人特别高兴，因为旧是旧了点，却也没有任何破烂，质地还比较舒服，款式也比较洋气。

在没有葫芦娃的时候，生活都是按照惯常方式运行的，自从有了葫芦娃之后，似乎形成了一个很大的磁场，很多事儿受到了干扰，不可思议地偏离了轨道。当他们洗完澡，换完了衣裳，准备把脏衣裳洗掉的时候，被丈母娘给阻止了，说会统一放在洗衣机里的。

我看到他们三个人的时候，几乎都有点不认得了。他们个个变得时髦了，如果不看他们的表情，不看他们黝黑的脸，不握住他们粗糙的手，肯定会以为他们是城里人。

天气冷冷热热的，按照城里人的惯例，每天都得洗个澡。他们三个人第二次洗完澡，却怎么也找不到自己当初的衣裳了。小姐夫说，被丈母娘装在塑料袋子里，不知道藏到哪里去了。他们明白，我们是考虑到葫芦娃才把衣裳给藏起来的。

有一天，我下班回到家，发现父亲、小姐姐和小姐夫三个人，安静地待在另外一个家里。我去找他们的时候，厨房里泡着半锅面条，面条竟然还是生的，桌子上还放有几个馒头。我问起来的时候，父亲不说话，小姐夫支支吾吾。小姐姐搓着手说，咿呀，想自己做饭吃的，但是笨死了，不会用煤气灶。

其实不是他们不会用，而是煤气灶坏掉了，根本就打不着了。

我说，你们为什么不过去一起吃呢？小姐姐说，有个坐月子的，还有个葫芦娃，不好意思去呀。小姐夫说，你放心吧，我们已经吃过了，前边准备煮点面条，最后还是买了馒头。我说，就馒头吗？他们说，这馒头挺香的。我说，那喝水呢？他们说，不渴，渴了水龙头上有呀。

我心酸地说，赶紧跟我走吧。他们三个都不动身，欲言又止的样子。

我说，你们应该过去帮帮忙吧？小姐姐说，我们插不上手啊。我说，帮忙抱抱孩子、做做饭也是可以的吧？小姐姐说，人家不让啊。我说，怎么会不让呢？我们本来要请保姆，但是一点都不放心，所以让你来就是帮忙的。小姐姐说，我们笨手笨脚的，不会用煤气灶，也不会用高压锅，冲个奶粉吧，也把握不好温度，我们感觉挺好的，人家用温度计一量，总会差一度半度的。

我说，那你帮忙洗洗碗不行吗？小姐姐说，我们连碗都不会洗，比如洗个奶瓶吧，要用开水烫，要放在微波炉里转，洗好了后还不能碰到奶嘴子，我们一点都不会呀。

他们真是不会的，在老家洗碗不用洗洁精，也不用消毒碗柜，更别说烫奶瓶了。

我说，那你们帮忙哄哄葫芦娃，他哭的时候哄哄他总可以吧！小姐姐说，哄不成啊，不让沾身啊。我说，为什么？小姐姐说，可能嫌我们脏吧。我说，怎么会呢？小姐姐说，从第一天来，我就天天洗澡，想换换衣裳的，衣裳都被扔掉了。我说，衣裳都被扔掉了？！你们自己扔的？小姐姐说，我们可舍不得，有些衣裳还是新的，被人家藏起来了。

回想起第一次见到葫芦娃，父亲想上前去亲一口，被我们给挡住了。他伸手拉住葫芦娃的小手，还在脸上摸了一下，丈母娘赶紧跑上去，说喝奶时间到了，把葫芦娃给抱走了。葫芦娃的小手与小脸多嫩啊，总觉得轻轻碰一下就会破的。而父亲的手经历过多少事儿，不光是茧子比石头还硬，那条条伤疤粗糙得像是刀子。小姐姐不知道逮住了什么机会，把葫芦娃抱在了怀里，欢喜得大呼小叫，说眼睛亮，长得像爸爸，皮肤白，长得像妈妈。小姐姐还像洋鬼子一样，用自己的脸贴了贴葫芦娃的脸。别说丈母娘了，连我也心疼了。不等小姐夫上前亲热，我们再没有什么顾忌，把葫芦娃给夺了过去，然后躲到了厅里。

我是理解丈母娘的，同样也理解父亲他们三个人。可是那天晚上，小青把我叫到房间，悄悄地对我说，妈妈反映，小姐姐不注意卫生，别说洗衣机、消毒碗柜、高压锅之类的，连碗都是不会洗的。每次小姐姐洗完之后，妈妈还得重洗一遍。

最后，小青还说到了身上的气味。

我解释说，小姐姐从来没有用过家用电器，所以有什么不会的，你们可以教教她，至于身上有味道，衣裳已经换掉了，他们还天天洗澡，还天天刷牙，父亲在家的时候，三五天是不刷牙的，再有气味是不应该的啊。小青说，气味肯定是有的，我们倒也无所谓，但是会不会熏着孩子？

小青说得十分客气，但是我有点不高兴了。她们所说的那种气味，我自然明白是什么——一个农民长期浸泡在泥土之中，形成一种泥土的气息，类似于熏肉，渗入了身体里，洗自然是洗不掉的了。

但是，说它有多少危害，肯定是谈不上。我当过农民，对土地是有感情的，最不喜欢的就是城里人对泥土的误会，认为泥土和垃圾一样是一种脏东西。看到谁脚上粘点泥巴，就以为那个人不干净，这是错误的。在这个世界上，没有什么东西比泥巴更干净。泥巴其实是一个过滤网，或者说是一个消毒器。

再混浊的水从泥巴里流出来，就变得干干净净的了；无论什么植物从泥土中吸收了养分，长出来的果实或者开出来的花儿都是干干净净的了。

比如莲花。

何况我也有着这样的气味。

父亲第一次来上海时，大家同吃同住了半个月，丈母娘给父亲洗衣服，小青给父亲掏耳朵，从没有半句怨言。这次，我不高兴归不高兴，考虑她们也是为了孩子，便不再计较什么自尊了。我对父亲他们说，城里人都是这样的，而且我们有个孩子不容易，比不得咱们农村，像放牛放羊一般养着，所以请他们别往心里去。我还笑着告诉他们，我是孩子亲爸爸，她们有时候也不让我靠近，我都不怎么生气，你们就别计较了。

父亲与小姐夫又待了几天，只能帮着拖拖地板，或者帮忙敲敲核桃，除此之外再无什么可干了，相反还让我们操心，于是提出要回去了。

小姐夫是第一次来上海，他临走前的一天，独自一个人坐上公交车，据说去了一次外滩。我让他描述一下外滩的样子，他嘿嘿一笑，说太漂亮了，楼高得很啊。

我不明白他看到的，是不是真正的外滩，因为外滩根本没有高楼。反正他回来说，返回的时候迷路了，整整找了三个小时。

小姐姐一个人留了下来，似乎什么都不会，只能给孩子洗点衣裳，尤其是丈母娘外出买点菜的话，也好有个人照应着一点。小姐姐搬过来与我们住在了一起。开始一段时间，她与丈母娘是睡一个房间的，两个人还可以聊聊天，一个人说说上海，一个人说说陕西，聊着聊着，就聊出是非来了。

有一天，小姐姐趁着丈母娘不在，就问我，你上班这么忙，工资有多少啊？我说，不低呢，有上万块了。小姐姐说，那你老外母说，都是她养着你和小青的。老外母，是我们那边对丈母娘的称呼。我一听就笑了。我这个弟弟，在小姐姐心目中，在整个塔尔坪，那是多么了不起的，但是丈母娘却如此不给面子。于是我说，她养我们？！她都退休了，不到两千块的退休金，家里这么大个开销，她怎么养我们？小姐姐说，那你每月给家里补贴多少？我说，每月不多，两个人加起来就两千块吧。小姐姐心中有数了，没有再说什么了。

非常不巧，当天晚上，小青又把我叫到房间，悄悄地对我说，她妈妈反映，小姐姐一会儿说头昏，一会儿说腿疼，要么倒在沙发上睡觉，要么坐在那里看电视。

小姐姐确实一直身体不好，有头昏的症状，还有大腿浮肿。回想到小姐姐说过的话，再听到小青反映的是非，我一下子失去了冷静，十分恼火地跑过去问丈母娘，你有什么事儿，能不能明明白白地说呀？什么你养着我们，你怎么养着我们了？还有我小姐姐怎么懒了？她身体确实不好，有个人总归比没有强吧？有什么做得不对的地方，你就教教她，不要老是看不起她，你看不起她就等于看不起我。

丈母娘很意外，把房门啪的一声，从里边关上了。半夜，到了睡觉时间，房门仍然从里边锁着。小姐姐十分尴尬地说，我就在沙发上睡吧。我说，这怎么可以呢？连一床被子都没有。小姐姐说，天又不冷，要被子干什么。

那天晚上，真是委屈小姐姐了，她竟然在沙发上睡了一夜。

其实，回过头仔细一想，谁家没有个矛盾呢？关键是我这个中间人，面对间隙的时候没有充当胶水，而是充当了汽油。如果我不管她们哪一方，说另一方坏话的时候，我都能淡淡地宽慰几句，什么都会过去的。

第二天晚上，我把小姐姐与丈母娘拉扯着睡到了一起，这样既不会伤害小姐姐的自尊，又给她们提供了一个和好的机会。可惜的是，毕竟是两个女人，一个是老上海，一个是土八路，观念反差太大。早晨起来，小青说，她妈妈反映，小姐姐脚臭，晚上打呼噜，影响她的睡眠。而我问小姐姐时，小姐姐说，我什么时候打呼噜了？倒是她晚上又是磨牙，又是咕咕叨叨的，像个神婆子，突然从床上一坐而起，都把人给吓死了。

我分析，一是她们两个人，一个真打呼噜，一个真磨牙，只是自己睡着了，哪听得到自己的呼噜与磨牙呢？二是她们在赌气呢，一个装着打呼噜，另一个装着磨牙，再加上咕咕叨叨，是故意气气对方的；三是两个人相安无事，什么也没有发生，不过说点假话，贬低一下对方而已。

自古以来，婆媳关系和姑嫂关系都是最难相处的。这就是女人，婆婆妈妈，是是非非，真真假假。谁也说不清楚，也无需说清楚。

第三天晚上，我早早地抱了被子出来，让小姐姐干脆睡在沙发上算了，省得两个人别别扭扭地躺在一张床上。我这一退步，两个人也跟着各退了一步，等我再回家的时候，发现她们两个人和好了，起码表面上已经和好了。一起在厨房里洗碗，一起在阳台上晾衣裳，丈母娘做饭的时候，小姐姐就帮忙在边上择菜洗菜。

但是小姐姐还是闲不住，尤其丈母娘说她太懒之后，小姐姐哪怕身体再不舒服，也还是尽量找点事儿干干。我说，小姐姐你如果有空的话，可以给我做点糊汤，再给我腌点酸菜。小姐姐开心地问，想吃这些了吧？我才来几天啊，也想这些东西了。于是小姐姐就做糊汤等着我下班，糊汤里还放几个土豆。

小姐姐做出来的糊汤，是用煤气灶熬的，没有老家用铁锅焖出来的香，但是吃起来非常过瘾，每次我都能吃上两大碗。可惜的是，丈母娘与小青并不习惯，糊汤一口也不吃，还是喜欢吃泡饭。

那段时间，我们家里形成了两口锅做饭，感觉真像两家人似的。

吃糊汤，必须要有酸菜配着，我吃着的腌菜一直没有酸味儿，就问小姐姐是不是秋天气温太高的原因？小姐姐说，哪里呀，气温越高，越容易酸，她腌的菜刚刚有了酸味的时候，就被丈母娘给倒掉了。

丈母娘说，菜酸了就变质了，吃了对身体不好。

酸菜不酸，有什么吃头呢？但是习惯不一样，有什么办法呢。

也难为了丈母娘，她是地道的上海人，在上海这边，也有一道小菜，叫咸菜，比如咸萝卜，纯粹是用盐泡出来的，确实是不会发酸的。

大家这么大的差异，我真想让小姐姐早点回家，但是我一直不好开口。直到葫芦娃过了满月，小姐姐自己提出要回去了。很长时间之后，我才明白小姐姐为什么要忍到满月。一是在我们那里，满月是一个重要关口，孩子满月才可以抱出门示人，产妇满月才可以下地干活，这关系到吉祥和身体的健康；二是小姐姐来上海之前，担心自己能不能适应，最后在我们的强求下，她才勉强答应的。老家好多亲戚朋友都起哄，说小姐姐在上海待不到一个月，就会被人赶走的。

小姐姐非得待满一个月，才不会丢了面子。

送小姐姐离开，我是十分内疚的，不明白怎么弥补她好。于是在坐车之前，我花费了半天时间，没有带小姐姐去外滩，也没有带小姐姐去豫园，更没有带她去海边，而是上了一次东方明珠。我拉着她，登上了东方明珠，踏上了悬空玻璃，给她照了很多照片，小姐姐对此并不惊讶。她是离别的忧伤呢？还是不明白登上这样的高度到底有什么意义，俯视那片耀眼的城池又有什么意义？

总之，小姐姐一走，我们家稍稍地归于了平静，但是围绕着葫芦娃的成长，各种各样的矛盾还是时不时地发生着，有些矛盾在我与小青之间，有些矛盾是小青与丈母娘之间，有些矛盾把三方面都会牵扯进去了。比如说，葫芦娃突然说了一句“妈的”，这么个小屁孩子，还刚刚学会说话呢，从嘴里竟然冒出这样的词。小青听到之后立即就大哭了起来。

小青把这笔账算在了丈母娘身上。她认为这句话首先出自丈母娘之口，所以被孩子给学走了。小青打电话给我的时候，我真想给她解释，孩子什么都不懂呢，说说有什么了不起的呢？因为在孩子心里这个词与人世间任何一个词的含义是一样的。但是为了避免引火烧身，我还是宽慰小青说，等我回家和妈妈谈谈吧。

其实谈什么呢？我怎么和丈母娘谈呢？即使丈母娘不当着孩子面骂人，能保证这个世界上任何一个人都不当着孩子的面骂人吗？

所以不在于孩子听到了什么，而在于孩子听到了这个词之后，他是怎么理解的。

我们无法给孩子提供一个干净的世界，那就给孩子提供一双干净的耳朵和眼睛。

第十九个故事

儿子的预言

第十九个故事

儿子的预言

二〇一四年夏天，小青放暑假了，葫芦娃也快满周岁了。

于是我们一家四口回了一趟陕西塔尔坪。无论他在哪里出生的，在哪里生长的，他的血脉还在塔尔坪，他的爷爷还一个人生活在塔尔坪，他的祖先还埋在塔尔坪。

回去是坐了飞机的。如今孩子真幸运，有飞机坐，不太折腾，可以从高处向下俯视。其实坐飞机，对葫芦娃来说，是最无趣的了，除了人之外，什么也看不见。但是此时的葫芦娃，除了对人好奇，对树木、花草、动物和天空，都没有太多感觉了。

树木总站在原处，花草总不动声色，动物总那么稀少，又那么无法靠近，天空总是茫然的，即使晴着，也只有一抹蓝。

人不一样，不仅就在身边，而且神出鬼没。世界上总有认不完的人，每个人又都是变幻莫测的。

葫芦娃坐上飞机，对前后左右的人，既怀着好奇之心，又存在无限的戒备。我、小青和丈母娘三个人，座位并没有靠在一起，害怕吵闹到了别人，所以想调换一下，但是坐在靠窗位置的，是一位年轻小伙子。他半闭着眼睛，也许是睡着了，也许太年轻，无法体会带孩子的不易，所以对于我们的提议无动于衷。

葫芦娃开始使劲挣扎，哇哇地哭过一阵子，等到飞机正式起飞之后，他的情绪逐步好转了起来。他不停地在过道上疯跑，如果有人在玩电脑或者看书，他都要跑过去与人套近乎，猛然拍打一下人家的书，或者是上前要夺人家的电脑。

对于这种干扰，大部分人都是哑然一笑，尤其是洋人显得更绅士一些，甚至会主动与葫芦娃一起玩。也有一些人是漠然待之的，还有那么一个人显示出了不满。我们后排，坐了一个中年妇女。中年妇女是有养育经验的，她们的母性之光早就熬尽，所以往往对于孩子的态度最为平淡。葫芦娃踩在我的身上，一会儿站起来，朝后轻轻拍一下，一会儿躲在座椅背后，透过座椅之间的缝隙，朝中年妇女瞄一眼，与人做着躲猫猫的游戏。无论葫芦娃多么情绪高涨，中年妇女仍然在吃东西，在看报纸，一动不动，最多就是轻轻一笑。

葫芦娃对世界的友好，获得的是这样的回应，我真替他难过。

好在葫芦娃并不明白什么是漠然。

下了飞机，我们从咸阳机场租了一辆车，穿越秦岭隧道回到了老家。在丹凤县城，为了弥合小姐姐与丈母娘之间的关系，我特意在小姐姐家做了短时间的停留。

小姐姐一家有点慌乱，不明白怎么招待我们才好，所以按着我的喜好提前蒸了一锅扁豆与土豆。我吃了大半碗，这确实是我小时候的最爱。小时候，母亲去世，大姐出嫁，小姐姐在家主事，因为闹饥荒，小姐姐特别节省，有点扁豆和土豆，也舍不得蒸着吃。扁豆会煮熟了晒干，土豆会窖起来，吃上整整一年。而且多数是留给客人，或者是过年过节。

丈母娘与小青一口未动，一是不习惯这个味道，二是害怕卫生问题。她们在上海时，不太爱吃扁豆与土豆，对卫生要求更是极其严格，筷子碰到了餐桌，都是要重新换掉的。但是小姐姐家的碗，都是洋瓷碗。用洋瓷碗待客，那是非常高的礼节。因为洋瓷碗大，一次盛得多，分量又轻，端在手中，还暖和得像个手炉。小姐姐家的洋瓷碗，边上不仅有油污，有些还生了锈，感觉不干净。

我用筷子小小地夹一点，谨慎地放在嘴里。嘴巴不碰碗，也不碰筷子。不像以前，稀里哗啦，如今是慢腾腾的，似乎文雅了一些，其实是担忧。原来吃饭，狼吞虎咽，还没有尝出味道呢，已经咽下肚子了，只留下香气让人回味。我越回味就越香，所以小时候的饭，一直忘不了，觉得特别好吃。如今吃得慢，又是细嚼慢咽，所以就吃不出什么，总感觉过去吃的，比现在吃的，要香。以为是东西变了，其实是人变了，吃饭的方式变了。

小青与丈母娘不动筷子，小姐姐便又换了一样，包饺子。她换上的饺子，还是按照我小时候的口味来的。饺子皮是手擀的，饺子馅是萝卜猪肉的，汤里放了葱花和猪油。但是小青与丈母娘，还是没有动一下。自己不动也就算了，还趁机给葫芦娃冲奶。小姐姐便坐在那里尴尬地笑。

我十分内疚，顾不得那么多，捞了一大碗饺子，端在手中一边吃，一边啧啧地说，太香了，小姐姐包的饺子，还是那个味儿。我吃得多，小姐姐自然是高兴的，但是小青与丈母娘不吃，让小姐姐怀疑她们看不起。小姐夫不在家，倒是小姐姐的女儿懂事，从单位回来发现大家僵着，赶紧跑到街上买了几斤葡萄。

别小看丹凤的葡萄，那可是有些历史的。据史册记载，大唐贞观年间，突厥贡葡萄进京，大家都不知其名，太宗手指龙柱高呼：真龙眼也。遂引种神州，渐入丹凤境内。一九一一年，有一位意大利人安西曼，出身于一个酿酒世家，当他以传教士的身份云游至丹凤时，看到此地山明水秀，又盛产龙眼葡萄，于是利用祖传技艺开了一家葡萄酒厂。他把酿酒当成了宗教，在酒中注入了神性，经他酿出的葡萄酒色如红宝石，醇如琼浆玉液。有一位朋友，二十世纪拍了一部连续剧《糊涂十四》，再次引爆了“糊涂酒”。过年过节，好多人家都会备上一桶，我品尝过一阵子，不是为丹凤吹牛，比起拉菲口感要好。有人把此工艺引进到了其他地方，酿出的葡萄酒立马失去了色泽，恐怕皆因一方水土养一方风物的关系吧？

这么好的东西，小青与丈母娘还是未动。经我苦口婆心地介绍了半天，她们勉强允许葫芦娃吃几颗。小孩子对食物的判断是最真切的，不受记忆的影响，也不受环境的影响，葫芦娃就特别特别地喜欢。她们是一颗颗剥了皮给葫芦娃吃的。在上海吃葡萄，要在凉开水里放入盐，把葡萄起码泡上半个小时。即使如此，葡萄皮照样是不能吃的。我在上海不习惯，也嫌麻烦，连皮一起吃。小青为了阻止我，每次把葡萄皮剥掉，插上牙签，才端到我的面前。

这不怪她们，因为葡萄上会有农药残留。

我用水把葡萄洗了又洗，但是她们还是不吃，不明白有什么心思。

离开县城，我们开着车进了山。此时正是夏天，处处都是我旧时的身影，四处都是溪流飞瀑，满山遍野都是野果子。我是被这里的山水养大的，在每一座山中放过牛，甚至还打过猎；在每一片树林子中采过天麻，挖过柴胡与苍术；在小河里戏过水摸过鱼；尤其这条九曲连环的小路，是我出门或者回家的必经之地。所以，这是葫芦娃生命的起源，是葫芦娃人生的根。

每走几步，我就把车停下来，希望葫芦娃能够下车，欣赏一下这里的美景，给他拍拍照片留个纪念。但是，路太弯曲了，有些地方倾斜到了四十五度以上，感觉像是竖了起来。可能葫芦娃晕车，也可能长途跋涉太劳累了，只要车一停下来，他就哇哇大哭。中间要翻过一座叫苍莽岭的山，此山之高，似乎可和秦岭比肩。即使在夏天，上边也是寒气逼人，站在山顶上极目远望，一片苍苍茫茫，有老鹰在身边盘旋着，尤其是旁边树林之中，时不时会有野猪穿过。

小时候，这里还不通公路，是没有汽车的，从村里到县城整整八十里，是要一步步走下去的。春天夏天秋天，每个季节都有不同的果实，一边走路一边摘点野果子充饥，并不觉得有多吃力。但是到了冬天，不但没有什么吃的，路也全被大雪淹没了。上山时一步三滑，下山时连滚带爬。早晨出发，走到县城一定会摸黑的。记得第一次爬上苍莽岭，看着四处白茫茫一片，我简直绝望透了。

当时对着远山，我许了一个愿，愿走出去的人再不回头。

我把车停在顶峰，那上边有一块碑，想在碑前给一家人合个影。我总觉得人生无常，这样的机会并不多，尤其对于葫芦娃来说，毕竟是人生的第一次。再过一年，两年，三年，还是五年，谁也说不清楚第二次会是什么时候。

我一停下车，葫芦娃就哇哇地吐了，把在小姐姐家吃过的葡萄全部吐了出来。我说，抱出来吹吹风吧。对于晕车的人，透透风确实是有效的，另一方面我还想努力一下，不想让葫芦娃错过这个机会。小青还是说，走吧，风大，别感冒了。

我趁着他们方便之机，钻进了树林子里，随手采摘了几串五味子。五味子在我们那里，是十分普通的药材，它在秋天成熟时，是水红色的，而且是甜的。小时候采摘下来，是舍不得吃的，要放在水里轻轻煮一下，捞起来晒干，然后卖钱。如今大家赶在夏天便采摘了，中药药效不好，就是原因之一。据说，五味子还被有些商人，收购回去不当药材，而制成了辣椒面。五味子是不辣的，但是磨成粉后，与辣椒粉相似，再加上工业原料，就变成了假辣椒……不说了，不是我们长大了，而是好多东西变味了。

夏天的五味子还是青的，像一个个绿色的水泡，吃起来有一点生涩。如果没有记忆的话，肯定不是什么美味。所以我没有递给小青她们，也没有让葫芦娃去尝尝，而是把它悄悄地装进了自己的口袋。

每次说是回家，其实并不住在自己家里。自己家里已经破败，窗户上的玻璃蒙上了灰尘，终年是照不进一丝阳光的；墙壁出现了裂缝，不仅仅透风，还有蜈蚣类的虫子，能顺利地爬进爬出；一张铺着麦草的土炕，多年已经没有烧过，发出一股刺鼻的霉味；纸糊的楼顶被老鼠咬得七零八落，大白天也能听到老鼠在上边发出吱吱的叫声。尤其是阁楼上，放着父亲给自己打的棺材，还有他给自己预备的一身老衣。我没有亲眼所见，但是父亲向我描述过，每次想起来都让人毛骨悚然。

这样的家是无法住下的，只剩父亲一个人才会守着不放。每次回家，我们都是住在大姐家里。大姐家在三十里外的镇上，有座临河而居的小洋楼，小洋楼里有淋浴房，有洗手间，有自来水，有席梦思，有空调冰箱，还有大彩电与网络。除了做饭不用煤气，还用柴火之外，与城市里没有什么两样。

父亲提前一天被接到了镇上。父亲一直守在路口等着我们，一遍遍地问我们到哪儿了。我们说，到西安了，到丹凤县城了，到苍莽岭了。无论我们还有多远，父亲都不肯回去，依然站在路口望着半山腰的那条弧线。但是我们走进大姐家的时候，并没有看见父亲的身影。

父亲从厕所钻出来笑着说，上个茅司，把你们错过了。

父亲没有拥抱葫芦娃，更没有上前亲亲葫芦娃。在我的记忆里，父亲从没有拥抱过我，手也没有拉过我。我与父亲之间惟一存在的，是每次回家的时候，我和父亲彼此暖脚。我惟一与父亲的亲密，就是把对方冰冷的脚抱在怀里，像抱着一块冰，或者抱着一个月亮。

父亲远远地说，长大了，长高了。然后从口袋里摸出两个糖果，我相信这是父亲精心准备的。在我们那里发糖果，是大人对孩子最高的礼遇。葫芦娃毕竟还是认生，他躲在丈母娘的怀里远远地看着。

我说，快叫爷爷。他还不会这个词，或者说他还没有把这个词与面前这个老人对应起来。所以他立即跑开了。

也许血缘是天定的，也许父亲本身的慈祥，也许他们是第二次见面，仅仅几个小时之后事儿就有了逆转。最先，葫芦娃像只小蜻蜓，故意朝父亲身上，撞一下再跑开，撞一下再跑开；然后，父亲即使不给他递什么东西，他也会跑过去，从父亲手中，一会儿抢走一个栗子，一会儿又抢走一个打火机。最后，他干脆骑到了父亲的身上，或者是猛然喊叫一声“爷爷”。

父亲耳朵是聋的，但是葫芦娃喊叫“爷爷”，他似乎是听清了的。

每次一高兴，父亲就说，真是土匪，或者说，匪得很。在我们那里，给孩子最喜欢的称呼，不是宝贝，不是毛毛，而是土匪。这个称呼，不仅仅是喜欢，还有一种偏爱。

葫芦娃毕竟是第一次出远门，第一次来到这么偏远而落后的地方，无论是葫芦娃的吃，还是葫芦娃的睡，小青与丈母娘都是十分担心的。

第一个担心是吃，很容易就解决了。葫芦娃的碗筷都是自己带着的，每次吃完了饭我们自己洗，洗完了再用开水消毒。大姐每天早上，天不亮就起床，熬大米粥，然后榨豆浆，里边放上了核桃仁。每次要榨一大盆子，孩子大人一起喝，每个人可以喝上两大碗。除此之外还烙了锅盔。大姐烙的锅盔，吃起来不软不硬，香味中夹杂着一股子发酵出来的淡淡的酸。没有想到的是，小青与丈母娘喜欢吃，葫芦娃也喜欢吃，每次能吃小半块。午饭就煮排骨汤，里边下了土豆、萝卜和扁豆。

关于吃的方面，小青与丈母娘都是十分满意的，按照葫芦娃自己的说法，胳膊上已经长出了小肌肉。

回上海之前，小青从镇上买了一袋子大米，说这里的大米与上海不一样；丈母娘从镇上买了几十斤排骨，说不仅味道好，而且太便宜了，在上海一斤几十块，在这里是颠倒的，一斤才三块钱，因为这里的人都干体力活，喜欢吃肉，不喜欢喝汤；我从镇上买了一个大饼机，专门用来制作锅盔。

回上海之后，那豆浆，那锅盔，那排骨汤，我们也照着大姐教的方法做了，总感觉还差点什么。恐怕差的是水，上海是漂着一层白垢的自来水，老家都是清冽甘甜的山泉水。

第二个担心是睡觉，实实在在折腾了很久。葫芦娃到了陌生环境，尤其到了天黑，一点都不适应，一会儿冲进这个房间，一会儿冲进那个房间。但是那个熟悉的环境不见了，所以他很恐惧。不睡觉也就算了，还使劲地吵闹，哭得昏天暗地。而且他什么人也不要，连小青也不要，只要丈母娘带着他。看不到丈母娘他就会不安，害得丈母娘连厕所也不敢上。对于这事儿，我与小青还有点吃醋，亲爹亲妈不如外婆，在家人面前很伤自尊。第二天，正好丈母娘感冒了，又发烧又流鼻涕的，实在没有精力哄他，我与小青只好轮流着抱。

我们抱着他坐在床上，想用大灰狼吓他，想用奶堵住他的嘴巴，在枕头边放着一只玩具熊，模拟在上海时候的环境。甚至我们把灯拉黑，小青不停地给他唱歌，我则抱着他在地上转圈子。什么办法都想尽了，他仍然哭闹到大半夜，自己把自己折腾累了，才迷迷糊糊地睡了。

带葫芦娃回老家，并不是想给他留下什么记忆，这么小个孩子什么记忆都不会有，只是想给他留下一点纪念，等他长大了问起来，我们也有故事讲。讲他在一岁前回故乡，是个什么季节，这个季节山上都有什么，在故乡遇到了什么人，吃了些什么东西，睡在哪里。

我还有一个心愿，满足一下大人的心愿。父亲年龄这么大了，身体一天不如一天了，我得让父亲在生前明白陈家开枝散叶了，他的血脉在世上延续下去了。我还想带着葫芦娃，去母亲坟头给他奶奶磕个头，让他奶奶明白她抱孙子了；去哥哥坟头，给他大伯说声谢谢，是他大伯当年救了他爸爸一命。

如果不是他大伯在一次车祸中救了他爸爸，他爸爸可能已经不在人世了。没有我的存在就不可能有他葫芦娃的存在。

在第三天下午，我带着葫芦娃回到了真正的故乡塔尔坪。

我们那个村子叫塔尔塔。塔尔坪是我的出生之地。它是我的根，当然也是他葫芦娃的根。葫芦娃虽然在上海出生，可以把一些东西转移到上海，惟独改变不了他的根。我去给葫芦娃上户口，想把他的籍贯改成上海，但是公安部门是不允许的，所以葫芦娃的籍贯还是陕西——警察说，你的籍贯是陕西，你子子孙孙的籍贯永远都是陕西。

带着葫芦娃在家里转了一圈，房子里实在太昏暗了，我们搬了个凳子坐在院子里。葫芦娃在院子里，东跑跑，西转转，东看看，西摸摸，钻到房后围着一棵山萸树，要摘上边的果子。这棵山萸树，是我离开的那一年栽的，如今有碗口那么粗了。听父亲说，每年能摘几十斤山萸肉，可以换来一年的油盐。

我与葫芦娃其实都是一棵树。我是一棵大树被移栽到了上海，葫芦娃则是被直接种在了上海。如今我们回到了原地，与根重叠在了一起。

我去小卖部买上坟用的火纸，遇到一帮老人，他们拉我坐下来，聊了一堆的事儿，都是关于父亲的。有人说，劝劝你爹吧，整天往山上跑，这里挖点药，那里砍棵树，万一摔倒了，怎么办呀？有人说，还是把你爹带走吧，这么大个年纪了，一个人住在这里，多孤单啊。

我说，他不肯啊，一是不习惯外边，二是放不下这里，舍不得这里的房子，也舍不得这里的山水。

父亲不愿意随我去上海，什么原因都不是的，他其实也是一棵树，一棵很大很大的树，一棵被土埋到脖子的树，他的根扎得实在太深了。这么大的树，你想把它移走，根已经拔不出来了。硬要拔出来移到别处，肯定是不能成活的。

太阳下山的时候，塔尔坪就起风了，风特别特别厉害，又特别特别的冷。加上那么大个院子，多数门都是锁着的，多数房子都是空着的，如今只有父亲一个人，所以随着阴影的膨胀，显得十分阴森。葫芦娃感觉到了这种阴森，吵闹着一直朝外边冲。

小青催我，赶紧走吧，不然天就黑了。

我心想，自从葫芦娃踏上这片土地，地下的亲人应该是有感知的，于是我放下火纸与祭品，交代父亲有空的时候，替我们去坟头烧一烧。我开着车离开了塔尔坪，回到镇上的当晚莫名其妙地发烧了，最高烧到了四十度。

小青说，是下午受凉了。

丈母娘说，塔尔坪阴气太重了。

其实，什么都不是的，是母亲与哥哥生气了。

我一边吃药，一边在心里念叨着对不起，还按照农村的习俗，让大姐拿来一个碗，盛上半碗清水，把三支筷子竖在里边。

二〇一四年九月二十五日，从陕西回到上海不久，就迎来了葫芦娃一岁的生日。

那天，我在银行专门以葫芦娃的大名陈不旧，为他申请了几张银行卡。为了得到一个吉祥的卡号，我连续跑了三家银行。在民生银行办理的卡号，中间含有太多“一”，在招商银行遇到的卡号，最后一位数字竟然是“四”。我无奈又去工商银行，排了五个多小时，总算遇到了几个“六”和“九”。

我往这些“六”与“九”里，存进了六百六十六块六毛六。我准备把这串吉祥的数字当成礼物送给他。

小青给葫芦娃订了一个蛋糕，在南京路上的小南国预备了一桌酒席。天黑之后，几十名亲朋好友汇聚在一起，给葫芦娃唱生日歌，让葫芦娃吹蜡烛，由小青代替葫芦娃许愿。小青双手合十，默默地许了一个愿，她没有告诉我这个愿是什么，我相信一定与葫芦娃的成长有关。

大家不停地举杯，聊那些与成长有关的往事，包括丈母娘那一辈的，也包括小青我们这一辈的，当然聊得最多的还是葫芦娃。有关三岁上幼儿园的时候，七岁上小学的时候，十三岁进中学的时候，十八岁上大学的时候，三十而立的时候，一直聊到了葫芦娃的六十岁、九十岁……大家的眼前像有一条若隐若现的河，水中关键的地方已经布好了一颗颗石头，葫芦娃必须踩着石头一步一步地从此岸走向彼岸。

小青说，今天也是她的生日。

我说，今天也是我的生日。

丈母娘说，今天一样也是她的生日。

我们一家人把这一天，早就定为所有人的生日。

大家就问，真的吗？这太巧了吧？我们一家人相视一笑，也不解释，只是再次举杯，互道一声：生日快乐！

葫芦娃忽然提起一只玻璃杯，吵着闹着要小青给他倒酒。小青装模作样地提了一只茶壶，给他倒了一杯茶。葫芦娃不肯罢休，此时他已经明白，什么是酒什么是茶。我给他倒了一点葡萄酒，然后让他端起了杯子。

小青问，为什么干杯？

葫芦娃与大家歪歪扭扭地碰了一下，然后大声说，为和平干杯！

还有一个重头戏，那就是按照农村的习俗抓周。我们在一个盘子里，预备了现金与银行卡，预备了钢笔和毛笔，预备了金手镯与珍珠项链，预备了一块石头和一枚印章。还预备了我出版的一本诗集，这本诗集封面是大红色的，不仅十分喜气，而且是我喜欢的一部作品。按照小青的意思，之所以要预备我的书，是想让儿子以我为榜样，在未来能像他爸爸一样。

小青预备这些东西时，充分考虑了它的寓意、它的价值、它的颜色、它的款式，甚至轻重与大小都考虑进去了。

亲戚朋友们大呼小叫，死死地盯着那一沓钞票；丈母娘指了指摆在显眼位置的金银珠宝；小青抱着葫芦娃暗暗地使劲，靠近那几支毛笔和钢笔；我多么希望替葫芦娃做出选择，也希望葫芦娃的选择命中自己的内心。但是葫芦娃目光游移，一会儿瞅瞅桌子上的残羹剩饭，一会儿抬头望望天花板。他似乎在寻找鱼骨与鸡腿，又似乎在搜索着窗户和吊灯。

世界上任何一种东西似乎都无法得到他的青睐。

世界上什么东西似乎也无法代表他的未来。

在大家惊心动魄的注视下，他没有挑最鲜艳的红色，也没有挑最值钱的金子，更没有挑文房四宝。

最后，他一伸手，先抓了一块石头。

不到十秒钟，他又丢下了石头，抓住一枚仍是石头的印章。

那块石头看上去非常朴素，它与一般的任何石头没有两样。但它是一块化石，一块有着几亿年历史的天鹅蛋化石——这颗石头里沉睡着白色的羽毛，还有一对白色的翅膀和一片蓝天；那枚印章看上去也无特别之处，是一块普通的鸡血石而已。不过这枚印章是龙头的形状，有朋友雕刻的一句人生箴言，箴言里边藏着两个字——陈仓。

在这个世上，没有什么东西是不朽的，除了那些包含着一切意义又毫无意义的石头之外。

我不明白其他人是怎么看待的，但是我非常满意地接受了这个预言。

二〇一四年十二月二十五日初稿

二〇一六年十二月二十五日改定

全文曾刊发于《芳草》二〇一七年第二期

附录

不旧曰

范小青 / 整理

附录

不旧曰

第一季　二十一月龄

本宫女从冰箱拿出养乐多，太凉，躺在暖水里温温，不旧曰：养乐多在游泳。

皇太后问本宫女一件事，本宫女一时想不起来，做沉思状，不旧以食指点本宫女额头，曰：要动脑筋。翌日，本宫女微恙从太医院回来，不旧曰：要动脑筋，不生毛病。

本宫女扔了几颗黑色的西瓜籽入厕中，不旧看一眼，曰：小蝌蚪。

不旧指着桌上的水果刀，曰：要拿小刀。见本宫女脸色一沉，又曰：不可以。

黄梅台风齐聚，连日阴雨，不旧曰：太阳睡觉了。

不旧曰：出去白相。本宫女曰：黄梅天怎么出去。不旧曰：潮湿。

本宫女曰：你叫什么名字？不旧曰：猜猜看。

本宫女曰：侬只小戆戆。不旧曰：伐是小戆戆。本宫女曰：个么是啥？不旧曰：是小聪明。本宫女曰：个么啥宁是大聪明？不旧曰：爸爸。本宫女曰：妈妈呢？不旧曰：大聪明。本宫女曰：外婆呢？不旧曰：大聪明。本宫女曰：怎么都是大聪明？不旧曰：大家大聪明。

本宫女曰：要吃蔬菜长得漂亮。不旧曰：要吃椰子汁长得漂亮。

不旧去别人家吃饭，开始腼腆，后来稍好些，曰：啥时候吃饭？别人问：你爸爸呢？不旧曰：在北京开会。

不旧拍一下本宫女大腿，曰：噶胖。

不旧喝一口味全橙汁，曰：哈甜。

皇太后带不旧去订牛奶，拿了一些吸管，不旧又去拿了一把，那人说：不是拿了么怎么又拿？不旧曰：妈妈吃药。（本宫女喝中药用吸管。）

不旧曰：爸爸戴眼镜，妈妈戴眼镜，大家戴眼镜，娃娃，没有。

早起，不旧曰：妈妈妈妈！皇太后曰：怎么不叫外婆？不旧曰：妈妈开心。

第二季　二十二月龄

不旧不爱听故事，也可能是本宫女讲得不好。

本宫女拿出绘本曰：来，妈妈给你讲个故事。有一天，爸爸带着文文去公园玩……不旧瞄一眼，指着绘本上的爸爸曰：这个小朋友名字叫爸爸。语毕走人。

本宫女拿出绘本曰：快看，这么多小猴子在吃香蕉呀！不旧瞄一眼，曰：香蕉要剥皮才可以吃。语毕走人。

本宫女拿出绘本曰：妈妈给你买了新书，快来看看这是什么。不旧瞄一眼，曰：这是什么？娃娃也不晓得。语毕走人。

本宫女曰：来，吃个棒棒糖，妈妈给你讲故事，吧拉吧拉吧拉……不旧曰：开心。本宫女曰：你为啥开心？不旧曰：吃棒棒糖。

不旧指着一本书上的苹果曰：这是什么？本宫女曰：这是苹果。不旧义正词严曰：这是书！过了一分钟，不旧又指着这个苹果曰：这是什么？本宫女曰：这是书。不旧义正词严曰：这是苹果！

早上吃小笼，不旧指着小笼曰：饺子。本宫女曰：这不是饺子是小笼。不旧又曰：馄饨。本宫女曰：这不是馄饨是小笼。不旧又曰：

包子。本宫女曰：说是包子也差不多吧，快来吃一口包子。不旧曰：这不是包子是小笼。

晚上，本宫女正在做家务，不旧曰：大月亮！本宫女敷衍曰：噢。不旧又曰：红月亮！本宫女训斥道：瞎讲，哪有红色的月亮！不旧坚持曰：红月亮！本宫女往窗外一看，各位，二〇一五年八月三十日的晚上，上海的月亮，它的确是红色的！

第三季　二十四月龄

不旧在捣腾本宫女的手机，鉴于不旧经常乱打电话，本宫女很紧张，曰：你在干吗？不旧曰：给你设个密码。我叉叉叉叉叉！赶紧夺过手机。（吓死本宫女鸟，幸好不旧什么都不会。）

大阅兵，合唱时两首歌之间有短暂的停顿，不旧曰：死机了。

还是大阅兵，不旧冲到电视机面前，指着天安门上毛主席的照片曰：这是妈妈！（这个……好吧，妈妈还是好荣幸啊。）

不旧捣蛋，本宫女教训曰：你都已经两岁了，吧拉吧拉吧拉……不旧曰：两岁不到。

还是不旧捣蛋，本宫女教训曰：你要懂规矩，吧拉吧拉吧拉……不旧曰：这是坏的规矩。

仍旧是不旧捣蛋，本宫女不睬他，独自去收拾残局，不旧跑到本宫女面前曰：怎么不说话？本宫女依旧不搭理他，不旧曰：妈妈扫地扫得好咧。

本宫女手上破了一块皮，露出了里面红彤彤的肉，不旧曰：拿剪刀给你剪开。（唉，不给我拿邦迪也就算了。）

大人带小孩出去，有时候喜欢伸出一个食指，让小孩握着走路。不旧要反过来，他伸出一个食指，让本宫女握着走路。本宫女只好用一个巨无霸的手，握住不旧那根柔若无骨的小食指，还得苦哈哈地应他的要求，边走路边甩……

第四季　二十五月龄

傍晚，本宫女和不旧坐在阳台上，不旧曰：天黑了，路灯都亮了。

不旧玩玩具，突然曰：躲在乌云后面。本宫女曰：什么躲在乌云后面？不旧曰：月亮。

不旧曰：我要开花啦！本宫女表示不知所云。

本宫女给不旧新买一个玩具熊，不旧曰：这两只耳朵倒是蛮漂亮的。

不旧吃炖蛋，曰：这个炖蛋还会动咧。

不旧见到飞机降落，曰：飞机在坐滑滑梯。

不旧见到警察，一如既往往后躲，本宫女吓唬他：警察叔叔来抓你啦。不旧曰：逃。本宫女曰：警察叔叔的小摩托车厉害得很，追上你了怎么办？不旧曰：靠边停车。本宫女曰：警察叔叔怎么抓你的？不旧曰：用枪。

不旧不肯吃饭，皇太后曰：你吃一口我跳一下。就这样跳了几下后，不旧曰：外婆变猴子了。

本宫女一时兴起，声情并茂地唱了一首歌，不旧曰：妈妈唱歌唱得好咧，再唱一遍。

第五季　二十六月龄

皇太后带不旧坐外面投币的摇摇车，不旧坐在上面，手握方向盘，曰：不要放钱进去，就这么玩玩。（从小就这么聚财啊，这可不随我。）

不旧曰：外公呢？本宫女曰：死了。不旧曰：外公先不要死，等会儿再死，回来吃点毛豆。（好吧，家祭必定告乃翁。）

不旧与本宫女对视，曰：妈妈眼睛里有镜子咧！

不旧在外要他爸爸抱，他爸爸曰：你长脚干什么的？长脚不走路你想干吗？不旧曰：我脚小。

他爸爸坐床上看书，可能不舒服翻了几次身，不旧曰：你是搬仓鼠吗？（呃，《黑猫警长》看多了。）

本宫女曰：去洗手间洗手。不旧曰：那个不是洗手间，是卫生间。本宫女曰：也可以叫洗手间。不旧曰：也可以叫牙刷间。（这个么……理论上也是可以滴。）

不旧在外听到“保姆”一词，曰：保姆是什么？本宫女曰：就是帮你穿衣洗澡、喂你吃饭、带你出去玩的人。不旧曰：就是外婆。（好吧，本宫女亏欠皇太后太多太多。）

本宫女要上班，不旧曰：车钥匙带了吧？伞带了吧？本宫女走到电梯口，不旧曰：娃娃帮妈妈按电梯。（呃，长成个贴心暖男也不错。）

第六季　二十七月龄

不旧指着一张图片曰：这是什么？本宫女曰：小毛驴。不旧曰：要吃。本宫女曰：这个怎么吃？这个没法吃。不旧曰：烧熟了就可以吃。

不旧指着本宫女睡袍上的带子曰：妈妈长小尾巴了。

本宫女洗碗，不旧指着厨房里的一条小鱼曰：小鱼在看妈妈洗碗。

走在路上，不旧曰：要抱。本宫女曰：抱不动。不旧曰：给你加点油。

有人敲门，不旧曰：敌人来了。

不旧曰：苹果泥是可以吃的，兰博基尼是不可以吃的。

皇太后在拣豆芽，不旧瞄一眼，曰：豆芽像路灯。

不旧摔了一跤，曰：摔得眉毛都痛了。

晚上，不旧抬头看天空，曰：月亮和飞机在一起，月亮不会飞。

不旧趴在地上，肚子下垫一个绒毛老鼠，本宫女曰：你在干吗？不旧曰：在划小老鼠船。

不旧总是在公共场合大声念一串数字，让本宫女很恼火，那是本宫女的密码。

去爬山。本宫女曰：你会不会自己爬山？不旧曰：会！于是本宫女眼睁睁地看着不旧俯下身去，把两只小手掌贴在了台阶上……（妈妈对不起你！）

不旧在一张纸上涂鸦，本宫女曰：这是什么？不旧曰：签名。

不旧看着烧熟的小虾，曰：小虾像水滴。

不旧看电视，见里面的人用手做一个“八”的姿势，放在下巴上。不旧曰：为什么他要做个“八”？我要做个“九”。于是不旧用右手做了个“九”，一本正经地放在下巴上。

不旧曰：羊在屋顶上。本宫女曰：羊怎么会在屋顶上？不旧曰：天上掉下来的。

不旧指着地上掉落的白玉兰花，曰：这是什么？本宫女曰：是白玉兰。不旧曰：白玉兰晕倒了。

第七季　三十二月龄

不旧曰：什么是天桥？又曰：就是天上的圈圈。

不旧曰：妈妈的爸爸死了，爸爸的妈妈也死了。

不旧曰：什么是死？本宫女：……不旧又曰：什么是活？本宫女：……不旧又曰：什么是半死不活？本宫女：……

不旧一直跟皇太后睡，某天皇太后外出，不旧跟本宫女睡，早上不旧一睁开眼，微微一笑，曰：真的是你吗？

本宫女在厨房做事，不旧在家里找来找去没找到本宫女，一进厨房见到本宫女，不旧微微一笑，曰：我找不到你了。

不旧曰：小狗有没有肚脐眼？本宫女曰：动物都有肚脐眼。不旧曰：房子也有肚脐眼。本宫女曰：房子没有。不旧曰：窗户就是房子的肚脐眼。

本宫女打蚊子，不旧曰：你不要打它，它是我的朋友。

在公园，不旧看着远方，曰：白云在爬树。

本宫女曰：你能不能看电视要问外婆。不旧曰：你问我。本宫女作势曰：葫芦娃，可不可以看电视呀？不旧曰：可以的。

本宫女曰：不可以一直看电视，你要休息一会儿。不旧曰：电视也要休息一会儿。

本宫女看电视，不旧一起看，本宫女看得津津有味，不旧不屑曰：你觉得这个好看吗？

皇太后曰：葫芦娃，你怎么这么黑，比你妈还黑。不旧伸出小手曰：这不是黑，这是黄。不旧又拉了拉本宫女的头发曰：这个才叫黑。

不旧吃包子，本宫女曰：当心烫。不旧曰：我不吃它，它就烫，我吃它，它就不烫了。（好一个唯心主义者。）

不旧看一幅画，曰：这是厨房间还是卫生间？本宫女训斥曰：这都不知道？不旧曰：你看。本宫女凑过去一看，一只小熊在厨房里洗衣服，真他奶奶的插画师！

早上起床，不旧曰：妈妈你今天精神还好吗？本宫女曰：还行。不旧又曰：妈妈你今天胃口还好吗？本宫女曰：还行。不旧曰：那咱们去百联中环吧。

晚上不旧睡不着，本宫女给他拍拍，不旧曰：妈妈你别在我身上打拍子。

逛书店，逛到地图堆里，不旧朝着本宫女曰：中国在你背后，世界在你眼前。

不旧曰：下雨了，天哭了。

不旧曰：雨刮器就是雨的抹布。

雨打在车的前挡风玻璃上，不旧曰：玻璃出水痘。

不旧曰：妈妈我感动得都哭了。本宫女曰：为什么呀？不旧曰：因为你给我穿衣服。（呃，我难得给你穿衣服好吧，这让皇太后听了该多失落啊。）

看到别人结婚，不旧抱着本宫女哭了，说以后不结婚，本宫女曰：为什么？不旧曰：怕以后我的老婆嫌弃你老，所以我不结婚了。

读爸爸的诗《小河》，不旧哭了，曰：塔尔坪的小鱼找不到我爸爸了，怎么办？又曰：塔尔坪的小鱼还认识我吗？

第八季　四十四月龄

不旧不爱听故事，这是众所周知的秘密。不旧能够主动坚持下来的爱好，就是看电视。

不旧看电视，是用整个生命在看电视，不旧曰：电视就是我的命！谁不给我看电视，谁就不是我们家里的人！

某年某月的某一天，不旧突然从书柜里翻出一本旧书，兴冲冲曰：妈妈你给我讲这个故事吧。你们说本宫女意不意外？惊不惊喜？本宫女一看书名：《阿拉丁》。还不错，知道听童话故事了。本宫女曰：你怎么想到听这个故事？不旧曰：以前电视里看到过，一个电影，就叫"阿拉丁"。本宫女：呃……好吧……开讲……

"古时候，非洲摩洛哥有个魔法师……"

“妈妈，非洲是不是很热啊？”不旧曰。

“是的，很热。”

“那你用手做个扇子扇扇。”

“哦，好的，古时候，非洲摩洛哥有个魔法师……”本宫女一边讲，一边用手做个扇子，扇啊扇……

接着开讲：“魔法师恶狠狠地说……”

“妈妈，你说‘恶狠狠’的时候，要凶一点。”不旧曰。

“哦，好的，魔法师恶狠狠地说……”

“妈妈，你说‘恶狠狠’的时候，不要看着我，我又不是阿拉丁，你要看着书说。”不旧曰。

“哦，好的，魔法师恶狠狠地说……”

接着开讲：“他们来到了一个黑黑的地道口……”

“妈妈，你把灯关了。”不旧曰。

“灯关了我就看不见了。”

“你不用看，你只要说。”不旧曰。

“哦，好的。”关了灯，“他们来到了一个黑黑的地道口……”然后本宫女开灯。

“妈妈！你关了灯也会讲啊！你就关灯讲吧。”不旧曰。

“呃，妈妈关了灯只会讲这一句……”

“哦，那还是开灯吧。”不旧曰。

接着开讲：“魔法师兴高采烈……”

“妈妈，你要高兴一点。”不旧曰。

“哦，好的，魔法师兴高采烈……”

“妈妈，你的嘴角都没有往上翘。”不旧曰。

“哦，好的，魔法师兴高采烈……”

接着开讲：“他痛哭流涕……”讲到这里，本宫女心知不妙。

“妈妈，你要哭出来。”不旧曰。

“……妈妈尽力了，妈妈做不到。”

“你为什么做不到？”不旧曰。

“要不这里由你来哭吧。” 本宫女曰。

“……妈妈我也哭不出来。”不旧曰。

“好的，咱们继续往下讲。”

接着开讲：“他无意间擦了一下戒指，突然出现了一个巨大的戒指神……”

本宫女抬头一看，不旧双手合十，默默地看着我。

“你为什么做这个动作？”本宫女曰。

“菩萨都是做这个动作。”不旧曰。

“哦，好吧，咱们继续往下讲。”本宫女曰。

接着开讲：“突然出现了一个更高大的灯神……”

本宫女看了一眼不旧，他没有动。

“你为什么不做菩萨的动作？”本宫女曰。

“戒指神和灯神不能做一样的动作。”不旧曰。

“那你另外做一个动作。”本宫女曰。

“我做不出来了。”不旧曰。

“要不你双手交叉放在胸前。” 本宫女曰。

“好的。”不旧双手交叉，放在胸前，“妈妈你这个办法非常好。”

一个小故事，讲了半个小时，不旧曰：妈妈，你讲得很好，现在，我要去看电视了。

亲爱的不旧，你不是在听故事，你是在训练我成为一个表演艺术家。在你的导演下，我的演艺事业会突飞猛进的。

小青感言

眨眼间，亲爱的葫芦娃四岁了。四年间，葫芦娃长成了一个优点十分明显的孩子，对此我们深感欣慰；同时，葫芦娃又是一个缺点也十分明显的孩子，今后我们要给予更多的耐心和宽容。亲爱的葫芦娃，风雨兼程的路上感谢有你贴心的相伴，当我们老了，头发白了，你的每一句话每一个甜蜜的拥抱，都将成为我们亲切的回忆。感谢家人和好友们对葫芦娃一直以来的关心和厚爱，希望葫芦娃的未来如同他的名字一样，因陈而不守旧，既遵循古法，又开拓创新。

图书在版编目（CIP）数据

预言家 / 陈仓著. -- 北京：作家出版社，2017. 12
ISBN 978-7-5063-9794-0

Ⅰ. ①预… Ⅱ. ①陈… Ⅲ. ①叙事散文 - 中国 - 当代 Ⅳ. ①G303

中国版本图书馆CIP数据核字（2017）第297169号

预言家

作　　者： 陈　仓
策　　划： 杨海蒂
责任编辑： 罗静文　杨新月
装帧设计： 意匠文化 · 丁奔亮
书名翻译： 张廷佺
插图漫画： 徐俊国
出版发行： 作家出版社
社　　址： 北京农展馆南里10号　　**邮　　编：** 100125
电话传真： 86-10-65930756（出版发行部）
86-10-65004079（总编室）
86-10-65015116（邮购部）
E-mail:zuojia@zuojia.net.cn
http://www.haozuojia.com（作家在线）
印　　刷： 河北画中画印刷科技有限公司
成品尺寸： 152 × 230
字　　数： 200千
印　　张： 16.5
版　　次： 2017年12月第1版
印　　次： 2018年 9 月第2次印刷
ISBN 978-7-5063-9794-0
定　　价： 56. 00元（精）

官方微信

图书主页

上架建议：散文

ISBN 978-7-5063-9794-0

9 787506 397940 >

定价：56.00 元